明日科學

從史前文明到未來技術，看人類社會進化多神速

人工肌肉 ✕ 新型礦藏 ✕ 沉浸式技術 ✕ 互動娛樂 ✕ 通用流感疫苗
—— 人體奧祕到技術揭密，未來科學的別樣世界 ——

◎ 老鼠可以不怕貓？黑猩猩智力真的過人？

◎ 有些恐龍竟是恆溫動物？鳥類曾有四隻翅膀？

◎ 地熱也是資源？光速也許沒那麼快？半數恆星在流浪？

◎ 駭客能攻擊人體？矽谷將成追憶？氣象旅遊成為新時尚？

鄭軍 著

- -

打開一扇窺視未來科學世界的窗，帶領讀者一同預見無限可能

從令人驚奇的問題到最先進的技術……本書是科學好奇者的禮物！

目錄

引言 ………………………………………………………… 005

第一章　人體新奧祕 ……………………………………… 007

第二章　生物新發現 ……………………………………… 031

第三章　進化新觀點 ……………………………………… 053

第四章　物理新概念 ……………………………………… 079

第五章　天文新景觀 ……………………………………… 097

第六章　地球新境界 ……………………………………… 115

第七章　災難新類型 ……………………………………… 137

第八章　資源新天地 ……………………………………… 151

第九章　技術新尖端 ……………………………………… 165

第十章　文娛新時代 ……………………………………… 199

第十一章　科學研究新天地 ……………………………… 213

引言

回想我讀小學時，太陽系還有九大行星，宇宙大爆炸屬於偽科學，恐龍滅亡的原因是牠們體形太大，不適應氣候變化，而不是有一顆小行星撞了地球。

過去幾十年的知識體系如今已天翻地覆，如果牛頓（Isaac Newton）穿越到現在，可能讀不懂物理學教材。什麼？時間會隨速度的增加而變慢？宇宙直徑居然有 900 億光年？要是讓牛頓參加現在的大考，即便最擅長的物理學他都未必及格，畢竟大考中的大部分物理知識，出現在他去世以後。

科學無止境，每年甚至每天都會有新發現，其中有些重要發現很可能顛覆人們的常識。下面這 100 個腦洞大開的科學問題，就有可能在不遠的將來，改變人們對世界的基本看法。這些問題幾乎都還沒有結論，有的只是推測，有的剛開始研究。

大部分問題都像恐龍滅絕的小行星撞擊假說一樣，證明起來需要有個過程。這個假說在 1970 年代被提出。西元 1981 年我上國中那年，墨西哥石油公司報告說，他們可能在鑽探時遇到隕石坑遺跡。西元 2010 年，這個名叫希克蘇魯伯的隕石坑，才被確認為 6500 萬年前小行星撞擊的鐵證。

這本書會帶你關注真正的科技尖端。我小的時候，電視臺播放外國紀錄片《眾神的戰車？過去的未解之謎》（*Char-*

iots of the Gods?），裡面講的是 UFO（不明飛行物）、百慕達三角和尼斯湖水怪。現在，書店裡各種版本的未解之謎，仍然以上述內容為主，它們還會被包裝成科普讀物，放在青少年讀物專櫃上，但它們根本不是科學問題，而是偽科學話題。那麼真正的科學家都在研究什麼？這本書能帶你看到一鱗半爪。

相信喜歡這些話題的朋友，都有一個當科學家的夢，所以，我除了介紹問題本身，還會穿插著介紹一些研究方法。科學界能出新成果，往往就是由於使用了新方法。比如，銀河系裡 70％的恆星都是紅矮星，它們通常只有太陽的一半大，光線微弱。當你用肉眼仰望星空時，一顆紅矮星都看不到。所以，只有發明了天文望遠鏡之後，紅矮星才能進入人類的視野。

另外，我還會介紹與這些問題有關的科學研究團隊。這些機構不像劍橋、清華、哈佛、牛津那麼有名，這些學者也不如牛頓、愛因斯坦（Albert Einstein）、霍金（Stephen Hawking）那樣如雷貫耳，不過你將來若是真想邁進某個科學研究領域，你便需要知道誰是這個圈子裡的領導者。

科學不是學校裡的課程，兩者的關係類似於農民和超市中的食品。當一名科學家，就要像農民那樣用汗水換取收穫。寫這本書就是想告訴你，耕耘科學要選擇哪些土壤，以及使用什麼樣的農具。

第一章
人體新奧祕

　　現代科學開始於遙遠的天體，花了幾百年時間，才一點點回到人間。直到現在，有關人本身的知識，還遠不如我們對物質結構或者天體規律的了解那麼成熟。

　　不過，缺陷就是成長點。在數學、物理、化學、天文、地理、生物這些基礎科學成熟以後，有關人本身的科學，很可能成為最大的知識爆發點。

　　所以，這趟深入未知的旅行，就先從人體開始。

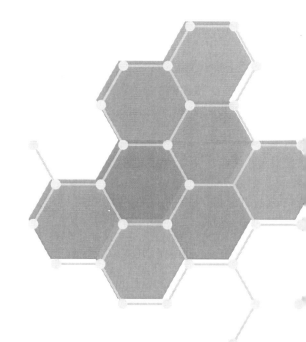

01 身體影響你的認知

　　古人並不知道腦子有什麼用，一般都把心臟當成心理活動的器官。原因是當我們情緒激動時，心臟會跳得更厲害，而情緒平靜下來後，心跳也會恢復正常。

　　後來，隨著解剖學的發展，到了 19 世紀，心理已經被定義為是中樞神經系統的功能，包括腦和脊髓兩部分。尤其是人類的高級心理活動，被定義為腦的活動。像思維、想像、記憶這些最高級的心理活動則只屬於大腦，而不屬於它下面的小腦、間腦和腦幹。

　　差不多有一個世紀，科學家都認為身體其他系統不參與心理活動，它們的意義只是提供養分給大腦。科幻小說更是經常有這樣的故事，把某人的腦子取出來單獨供養，等於保留了這個人，甚至連腦子都不要，直接上傳意識到電腦當中，人還是原來的人。

　　這種觀念叫做「離身認知」，認為身體可以獨立於環境，腦可以獨立於身體。從 1990 年代起，一些心理學家開始挑戰這種觀念，提出「具身認知」（Embodied cognition）理論。與上述觀點完全相反，他們認為腦離不開身體，身體也離不開環境，身體和環境這兩個因素，時時都在影響心理活動。

　　心理學家當然沒辦法找到一顆獨立存活的腦袋進行研究，可是他們掌握著某些癱瘓患者的病例。這些人頸椎受

傷，不僅無法控制頭顱以外整個身體的運動，這些部位的感覺也無法傳導入腦。結果，這些人變得溫和平靜，失去熱情，甚至麻木不仁。提倡「具身認知」的心理學家認為，這能說明情緒與內臟活動有極大關係，一旦我們體會不到內臟活動，也將不再有情緒，思維和記憶並非心理的全部。

德國馬普學會人類認知與腦科學研究所的專家，具體研究了心臟是如何影響感知的。他們以健康人為受試者，讓他們感受從手指傳導的電刺激，結果發現，心臟收縮時，受試者較難感受到電刺激。他們同時用腦電圖記錄受試者的腦部活動，用心電圖記錄心臟活動，發現大腦也會隨著心臟產生週期性變化。心臟收縮時，大腦下意識地遮罩與脈搏有關的資訊，同時也會錯過外部的一些微弱刺激。

人類的感覺分兩大類。視、聽、嗅、味、觸，讓我們感受外部世界，稱為外感覺。內臟、肌肉活動的感覺，還有身體的平衡，這些稱為內感覺，讓我們覺察自己的身體狀態。專家們還發現，腦對內感覺和外感覺的專注，會隨心跳而波動，有時傾向外界，有時傾向內部。

臨床醫生早就知道，心臟病會導致一定程度的認知功能受損，馬普學會這項研究，正在揭示這一現象的具體原因。

文化學者也支持「具身認知」理論。他們發現，世界各國的形容詞大同小異。比如，都把有價值的東西稱為「貴重的」，把感情稱為「溫暖的」，把正面現象稱為「光明的」，

把好的生活狀態稱為「甜蜜的」。這些形容詞都與身體狀態有關，而這些身體狀態不分種族，全人類都差不多，它從另一個角度說明，我們的身體狀態深嵌在心理活動當中。

02 腦的功能有違常識

「你的頭是不是被門夾過？」

這句常用語體現了人們的一種常識：如果頭部受傷，智力就會受影響。不過，真實情況可能並非如此。腦科學專家何傑就認為，至少某些動物的腦，在受創傷後會變得更聰明。

何傑研究了一種叫斑馬魚的動物，牠們的中樞神經系統有強大的再生能力，受損後會自我修復。何傑用物理手段損傷斑馬魚的中腦部位後，發現損傷區域的膠質細胞開始異常增殖，而在平時，這些細胞則處於靜息狀態。

這些增生的細胞，只能存活 25 ～ 300 天。不過，斑馬魚的平均壽命也只有 3 年，300 天差不多相當於人類的 30 年。

科學家當然不能對人類進行這種危險實驗。但是，斑馬魚是生物實驗中常用的「模式動物」，也就是用於探索一般生命規律的動物。從牠們身上得到的結論，在大多數情況下也適用於人類。可以推測，人類腦部的某些部位受創傷後，也可能會導致神經元的局部增生。

除了「越挨打越聰明」之外，人腦還有可能越大越不正

常，這也違反了我們通常認為的，腦容量越大越聰明的看法。

德國馬普進化人類學研究所，比較研究了正常人、精神分裂症病人、黑猩猩與恆河猴，內容是腦部某些代謝物的濃度。代謝物可以看成是細胞活動產生的垃圾，它們積存在腦部，就會影響腦的正常功能。研究發現，精神分裂症病人的代謝物濃度最高。

研究者認為，從類人猿到人，腦的容量不斷增大，至今已經接近極限。以精神分裂症為代表的某些精神疾病，正是腦容量大增的副作用。腦子變大，既需要更多的營養，又產生更多的垃圾，後者無法正常排出或者分解，導致了某些精神疾病。

這些有關腦的最新研究成果，有悖於我們以往的了解，恰恰說明我們對腦的認知嚴重不足。由於不能對健康活人進行腦實驗，這個領域落後於身體的其他領域，很多時候，研究人腦要靠腦損傷患者。

19 世紀，一位名叫費尼斯·蓋奇的工人，在爆炸事故中被鋼筋刺穿了頭部後，仍然存活了幾年，成為第一個接受腦功能分區研究的對象。俄羅斯生理學家科薩科夫，長期解剖酗酒死亡者的腦，發現了科薩科夫綜合症，也就是酒精依賴症。一個代號為「SM」的女病人，由於遺傳問題雙側杏仁核受損，從此不再出現恐懼情緒，於是，她讓腦科學家發現了杏仁核與恐懼的關係。

第二次世界大戰時期，蘇聯有一位名叫魯利亞（Alexander Luria）的科學家，在醫院裡接觸到大量頭部受創的傷患。有些人雖然活著，腦卻局部暴露在外。魯利亞透過研究這些傷患，讓腦科學有了飛速發展，從此創建了神經心理學。

不過，和平年代不好找到這種實驗條件。今後相當長的時間裡，發明更安全的技術來研究健康人的腦，仍然是重要的優先課題。

03 預感未來也是科學問題？

有部科幻片名叫《關鍵下一秒》，主角能夠準確預知幾秒鐘之後發生的事情，與敵人周旋時處處占得先機。不過，這只是科幻作品，現實中要是有人說他能預測未來，那人八成是算命先生，或者偽科學傳播者。

所謂預測未來，是指對遠期趨勢的預知，比如「接下來的運氣怎麼樣」或者「某處房地產將來能否升值」。對此，有人使用經濟學和社會學資料，有人請風水先生。到現在，還沒有特別值得信賴的方法。

但是，預感未來並不神祕，對短期變化的預知，我們人人都會。每晚入睡前，我們都會認定第二天太陽照常升起；公車站有許多人在候車，說明他們都預感會有公車到達；倘若你是上班族，我可以預感你在下一個工作日早上，有相當

高的機率會去公司上班。

如果不能預知幾秒鐘或者幾分鐘後的環境變化，我們根本無法生存，這種心理能力甚至並不依靠智力。獅子追捕斑馬，要預感牠下一步往哪裡跑；斑馬想逃脫獅口，也要使用同樣的能力。森林大火燒起來，所有動物都會逃跑，因為牠們能預感到火對自己產生了威脅。

如此看來，預感一定是十分古老的心理機能。華盛頓大學的心理學家札克斯博士，就沿著這個思路研究。他帶領團隊使用功能性磁共振成像技術，讓受試者預測普通生活事件，同時掃描他們的腦部。結果發現，在受試者預測普通生活事件時，大腦中部的多巴胺系統活躍起來，這一區域可能在預感活動中發揮重要作用。這個系統在進化歷程中很早就出現，不少動物的腦中都有。

預感和一種叫程序記憶的心理功能有關。人的行為通常會構成固定序列，例如，我們一定要先開門，再進入走廊，或者先盛好飯菜再用餐。生活中各種固定行為序列見得多了，就會形成程序記憶，讓我們知道接下來會發生什麼。

札克斯博士進行了另外一項實驗。他將普通日常事件錄影播放給受試者看，並且會在播放過程中停下來，讓受試者推測 5 秒鐘後會發生什麼事。研究表明，90％以上的受試者能夠準確進行預測。

一部優秀的電影，會讓觀眾難以預知情節走向，但對於

下一秒鐘人物會做什麼，觀眾總能猜個八九不離十。這裡面有個概念叫做「事件邊界」。比如，「上課」和「課間休息」就是兩個事件，中間以下課鈴聲為邊界。只要你在上課，接下來無非就是老師繼續講解，或者向學生提問，這很容易預測，但是過一會課間休息會發生什麼，就不好預知了，那屬於下一個事件。

札克斯博士也研究了「事件邊界」。他同樣讓受試者觀看生活錄影，並將錄影中止，讓受試者預測接下來會發生什麼事。結果，同一事件內的預測成功率超過 90%，不同事件的預測成功率就降到了 80% 以下。

預感還和專業能力有關。優秀運動員能預感幾秒鐘後賽場上的局勢，可是只局限於他所從事的項目，若預感其他項目的比賽，準確率就會大大下降。

總之，預感並不神祕，甚至可以透過訓練得到提升，不要把它和「算命」相混淆。

04 文化真能影響大腦功能

「性相近，習相遠」，這是孔子留下的名言，用現在的話來說，就是人出生時本性是相近的，後來不同環境造就了不同習性。不過，有些心理學實驗卻在挑戰這個理論。

美國文化強調個人獨立，東亞文化圈強調集體活動，這種差異僅僅是停留在文化層面，還是來自大腦？西元 2008 年

美國《心理科學》（*Psychological Science*）期刊發表了一篇論文，作者用 10 名東亞裔美國人和 10 名美國白人作為受試者，研究文化差異是否來自大腦本身。

在實驗中，實驗方向受試者出示一系列圖案，均為方框包著線條，但是方框的大小各異，線條長度也不同。受試者先要比較其中某兩條線條的長度，這時，他要不受方框的影響，進行獨立判斷。這個任務測驗受試者的「場獨立性」。然後，受試者再比較每條線條與外面方框的比例，這時，受試者要結合兩者的關係進行判斷，用於測驗其「場依存性」。

這本來就是心理學的一個經典實驗，不過這一次，心理學家還使用了功能性磁共振成像儀，在受試者進行比較時，觀察他們腦部的血流變化。

測驗結果表明，本土美國人更擅長獨立判斷，東亞裔美國人更擅長相對判斷。而且，他們的大腦活動類型也有明顯不同，東亞後裔在第一個任務中，大腦主管注意力的部分更活躍，也就是說，第一個任務對東亞人來說較難，更需要集中精神。相反，美國人在進行第二個任務時，更需要集中注意力。

還有的美國學者以白人兒童與在美國的日裔兒童為受試者，他們同時給這些孩子提供兩種心理任務，一種用英語提示，一種用卡通圖片提示，對兩組兒童也進行核磁共振。結果發現，美國兒童在接受英語提示的任務時，腦功能更活躍；

日裔兒童在接受卡通圖片提示的任務時，腦功能更活躍。

不過，這也並非意味著，各民族人民的腦功能天生就有區別，後天社會活動本身就在塑造腦功能。亞洲心理學家常年研究一種中國文化的特定元素 —— 太極拳，其結果說明了這個問題。

中國科學院心理所專門研究了太極拳常年練習者，他們平均習拳年限達 14 年。同時，還選擇了一組不練習太極拳的健康人作為對照。心理學家讓這兩組受試者接受核磁共振，結果發現，在太極拳練習者的腦中，負責整合能力的部位得到了增強。

華東師範大學、山東醫學科學院、福建中醫藥大學和臺灣學者，也同樣用核磁共振技術，研究太極拳練習者的腦，都發現了異於普通人的區域功能增強現象。

這些實驗所選擇的受試者，來自同一個文化圈，腦功能先天上不會有多大差異。所以，太極拳這種後天文化行為，是導致腦功能差異的重要因素。如今，太極拳已經傳播到 150 多個國家，全球有 3 億人在練習，假使能夠跨文化研究太極拳對人腦的影響，會更有說服力。

在傳統上，文化研究屬於文科，腦科學屬於理科。這些研究告訴我們，兩個領域已經融合在一起，它們的產物叫做「文化神經學」，是一門非常新的學科。

05 世上已有驅眠藥

安眠藥大家都知道，但是大部分的人需要的不是盡快入睡，而是減少睡眠，特別是備考期間，或者是工作任務緊張時，人們希望自己能熬夜工作或念書，同時效率不降低，身體還不疲勞。

科學家發現，海豚就是不睡覺的動物。海豚的兩個大腦半球可以輪流休息，使身體一直保持警覺。海豚是哺乳動物，與人類有較近的親緣關係，所以科學家也在研究如何借鑑牠不睡覺的能力。

第二次世界大戰前，科學家發明出第一種驅眠藥，名叫右旋安非他命，飛行員經常服用這種藥物來提神。1960 年代，科學家發現右旋安非他命有嚴重的副作用，這種藥遂成為禁品。

1970 年代，法國科學家發明了一種叫莫達非尼的藥，副作用較小，被稱為「不夜神」。美國塞法隆公司將它推向市場，西元 1998 年，美國食品及藥物管理局批准該藥上市。

這種藥最初被限定用於治療嗜睡症，不過，由於「不夜神」可以使人保持長期清醒，並且沒有咖啡因等的副作用，被許多健康人購買並使用，其中包括夜班人員、軍警等。據說一片「不夜神」就能讓人連續 40 個小時不睡覺，美軍也一直在考慮「不夜神」的戰場價值。

由於投放市場不久，「不夜神」的副作用還要繼續觀察

才行。許多精神類藥物剛投放時副作用也不明顯。如今被封殺的「冰毒」、「搖頭丸」，甚至古柯鹼，最初都是合法上市的精神類藥物。

許多人不喜歡睡眠。理論上講，人生有三分之一的時間都用來睡覺，若是把這些時間用於工作和學習該有多好！生活中，人們也往往不喜歡睡眠時的癱瘓感和麻痺感，好多人用看電視等方法硬撐著不睡，直到眼皮打架、不知不覺睡著為止。這是導致不少人最終失眠的原因。

睡眠到底有沒有用？心理學家也在研究，方法就是睡眠剝奪實驗。過程很簡單，就是讓受試者長時間不睡，最長的睡眠剝奪實驗達到一百多個小時。透過同樣的心理測驗，看看這些人在睡眠被剝奪之前和之後，哪些機能發生了變化。

大量的睡眠實驗表明，睡眠不足時意志活動損害最大。人缺乏睡眠，注意力會下降，容易急躁，行動上丟三落四，這都是意志力下降的表現。

心理學家發現，人在睡眠中會進行類似電腦後臺加工的活動，在無意識中整理資訊。人在清醒狀態會做很多事，見很多人，同時吸收很多資訊，它們是雜亂無章的，人在睡眠時遮罩了大量的外部資訊，使人腦可以在安靜中整合這些資訊。

還有一個類似的發現，那就是智力越高的人，或者從事高強度腦力勞動的人，需要的睡眠越多。這也充分表明睡眠

是腦力勞動後自我恢復所必要的。

　　研究表明，睡眠是人類心理機能自然恢復的手段，並非可有可無。生物界透過億萬年的進化才形成了睡眠，甚至一些深海魚類在進化中失去視覺，卻仍然保持著睡眠功能，可見睡眠的重要性。

　　所以，為了完成特殊任務，短時間剝奪睡眠是可以的，但是永久性地取消睡眠，則對人體有害無益。

06 人類天生能識數？

　　山頂洞人也是現代人，在解剖學上與我們已經沒有差別。也就是說，若是我們穿越到山頂洞人的時代，把一名幼兒帶到現在的社會，完全可以送他到幼稚園接受教育，他可以上學、工作、結婚、生子，各方面都和我們沒有區別。

　　不過我們別忘了，山頂洞人不僅不會算術，而且那個時代根本就沒發明數字。那麼，人類是先天就具備理解和運用數字的能力，還是一定要學習數字後，才具備數學能力？最近的一些研究表明，答案很可能是前者。

　　澳洲土著於四萬年前來到那裡，與世隔絕，在他們被歐洲人發現前，他們與山頂洞人的文明水準差不多。這些人的生活中沒有數字，只有「一」「很少」和「很多」等簡單概念。後來，殖民當局強制當地土著接受現代教育，但也有一些部落堅持過原始生活。

西元 2008 年，英國和澳洲的科學家，研究兩個不與現代文明融合的傳統部落，他們仍然沒有數字的概念。研究人員發放籌碼給這些土著的兒童，再讓他們聽敲打棍子的聲音，用籌碼來表示自己聽到的敲打次數。然後，這些研究人員又回到墨爾本，用同樣的過程來測試英語環境下的兒童。結果發現，兩者在計數能力上沒有明顯差異。

如果說人類先天就具備識數的能力，那麼，它又開始於多早前呢？法國衛生和健康研究院的科學家，研究了 3 個月大的嬰兒。這麼小的嬰兒還不能說話，科學家對他們使用電子腦造影技術，直接觀察嬰兒大腦對客觀刺激的反應。

研究人員在 3 個月大的嬰兒面前，出示有數字變化的現象，比如讓某類物體從一個增加到兩個。儀器顯示，嬰兒大腦中與數字運算能力有關的神經元，發生了異常反應。這個實驗表明，即使嬰兒不能用嘴說出數字，大腦也能對外部世界中的數量變化產生反應。

這種先天的數字能力叫做「數量感」，它有可能普遍存在於人和動物的大腦中。嬰兒不僅不用識數，甚至不用擺弄物體，就對外部世界的數量關係有反應。

科學家們為研究數量感，對不到一歲的嬰兒進行大量實驗。他們發現，4 個月大的嬰兒就能對點陣形成反應，6 個月大的嬰兒能感知 1：2 的比例，10 個月大的嬰兒甚至能感知 2：3 的比例。

有一種特殊的疾病也從反面給出了例證，叫做感覺性失算症。由於大腦某些區域的損傷，病人無法掌握算術能力，這可能意味著數字感知真是腦的先天功能。

當然，有先天的數量感是一回事，有成熟的數學能力是另外一回事，後者確實需要系統教育。一般來說，生活在文明世界裡的兒童，也要到五六歲才開始理解數字的概念。不過，這兩項研究表明，後天的數學教育是對先天的數量感的開發。

07 人工肌肉有望成功

到了我這把年紀，已經深深感受到肌肉萎縮的影響。像是大腿正面的肌肉會比巔峰時萎縮四分之一，所以才有「人老先從腿上老」的說法。即使堅持體育鍛鍊，也不可能阻止肌肉的自然萎縮，不過，能不能裝上人工肌肉呢？

肌肉的本領就是透過伸縮來作功，它不用外界牽拉，自身就能變形，所以，科學家一直設想發明出同樣能夠自主伸縮的裝置，以類比肌肉的作用。1950 年代，科學家發明的「氣功驅動器」便初步具有這種功能，不過它是一個笨重的裝置，只有演示功能，沒有實用價值。

西元 1982 年，美國猶他大學進行了世界上第一例永久性人造心臟手術。人造心臟利用體外的壓縮空氣來驅動，可以代替心肌向全身泵血。這算是第一塊有實用價值的人造肌

肉。現在的人造心臟已經發展為用電驅動，由鈦合金與生物組織混合製成，除了電池，其他部位完全植入體內，可以維持病人生命達十幾年之久。

不過，人造心臟只能模擬心肌，無法模擬全身上下的骨骼肌，科學家還在尋找其他材料。形狀記憶合金被發現後，便被用來研製人工肌肉。這種合金在溫度變化後，可以恢復先前的形狀，它能產生較大程度的變形，不過回應速度非常慢，類比不了肌肉的快速收縮。後來，科學家又用電活性陶瓷來研製人工肌肉，它的回應速度相當快，但是非常脆，只有 1% 的變形。

直到 1990 年代，科學家終於找到一種電活性聚合物，可以同時滿足這兩方面的要求。人類肌肉最多變形 20%，電活性聚合物可以達到 380%；人的反應能力再快，也只能達到十分之一秒左右，而電活性聚合物只需要幾微秒。如果我的胳膊裝上這種材料，出拳可以快過葉問師傅。

無論回應速度還是收縮能力，電活性聚合物都強於天然肌肉，不過它也有個先天不足，就是只對電有反應，使用時還要配上電源。因此，電活性聚合物更多運用在機械製造領域，最典型的就是機器人。機器人現在需要靠一系列微型馬達才能運動，角度和方向都十分死板，若是換成人造肌肉，就靈活多了。

魚用肌肉搖擺尾巴來前進，幾乎不發出聲音。倘若潛艇

把推進裝置改成魚尾型，再用人工肌肉驅動，也可以達到靜音效果。

當然，我們還是想將發明用於人類的身體，製作代替骨骼肌的人工肌肉。特別是垂暮之年的老人，上下樓不方便，坐在輪椅上還需要有人照料，如果換上人工肌肉，至少在行動能力上可以返老還童。

現在，科學家正在尋找新的材料，包括回應性凝膠、液晶彈性體、磁致伸縮材料等。預計 20 年內，人工肌肉就能服務於老年人或者身障人士，希望這裡也能有你的一份功勞。

08 人類可能也有費洛蒙

昆蟲可以向環境釋放某些物質，以吸引同類。生物學家替這種物質取了個名稱，叫做費洛蒙，它指的是個體分泌到體外，由同物種的其他個體用嗅覺器官察覺的物質。由於費洛蒙能引發同類個體的特異行為，所以又叫外激素。

一個個體分泌的物質能影響另一個個體，這看上去很神奇。19 世紀初，法國學者從皇蛾的異常行為上，推測牠們可能用化學物質傳遞資訊。1950 年代，德國學者使用 30 多萬隻雌性蠶蛾，提取到了蠶蛾醇，這是人類第一次發現費洛蒙。

後來，生物學家相繼在金魚、鼠和兔子身上發現了費洛蒙。這些動物的進化等級越來越高，那麼，身為萬物之靈的人類，有沒有費洛蒙呢？

在所有靈長類動物中，人類的皮脂腺和頂漿腺最發達。如果把人與黑猩猩、大猩猩和猴子放在一起，人是聞起來最有氣味的一種動物。既然能釋放豐富的氣味，科學家自然懷疑它們中有費洛蒙的成分。

然而，人體幾乎不存在上述動物的那種直效費洛蒙，也就是聞到後立刻發生特定反應的費洛蒙。不過，人體可能存在啟發費洛蒙的機制，在某一個體釋放的費洛蒙被其他個體接受後，會使後者的內分泌活動發生變化，間接影響後者的行為。

西元 1959 年，加利福尼亞大學的專家發現了第一種人類費洛蒙。它由腋窩中的頂漿腺分泌，隨著汗液蒸發到空氣中，其他人聞到後，鼻子裡面的犁鼻器系統會感受到它的影響，進而改變自身的內分泌系統。在整個過程中，兩個人都意識不到費洛蒙的存在。

這種人類費洛蒙的重要影響，是調節女性月經週期。住在同一宿舍的女性，月經週期往往趨向一致，這個現象很早就被發現，但一直被認為是由心理因素或者社會因素決定。直到發現了費洛蒙，才了解到這種現象還存在生理原因。

不過，犁鼻器是個古老的系統，存在於鼠類這種相對低級的動物身上。在人體上，犁鼻器類似於盲腸，已經沒有什麼實際功能，70％的人的犁鼻器，在胚胎發育早期就已退化。犁鼻器可以聯通到人腦中的副嗅球，而後面這個部位也

在出生後便退化了。

生命誕生於海洋，嗅覺是最早發展的感覺，沒有它，黑暗中的海洋生物就無法感知周圍環境，即使在北極熊和狗這些高等動物身上，也都有發達的嗅覺。

但是在進化過程中，嗅覺的價值慢慢被視覺和聽覺所取代。尤其是人類，後天生活中很少主動使用嗅覺，許多氣味即使聞到，我們也不知其所以然。於是，即便可能存在像費洛蒙這樣的物質，卻已被人類忽視了。

因此，不少動物可能會「一嗅鍾情」，而人類卻是「一見鍾情」，視覺在引導行為上的作用遠大於嗅覺。

09 越孤獨越迷信？

什麼樣的人更容易迷信？知識水準低，居住在農村，還是老年人比年輕人更迷信？美國芝加哥大學心理學家尼古拉斯・埃普利的一項研究表明，孤獨感可能是迷信的重要來源，生活中越孤獨的人，越容易接受超自然現象。

埃普利帶領的團隊，使用不同題材的電影來誘發不同情緒。他們將受試者分成三組，一組人觀看《浩劫重生》，這是個現代版魯賓遜的故事，能誘發觀眾的孤獨感；一組觀看犯罪片《沉默的羔羊》，能誘發恐懼感；一組觀看運動題材喜劇片《大聯盟》，能誘發欣快感。

然後，埃普利讓所有受試者評估各種超自然現象的可信

性，包括鬼魂、天使、魔鬼和奇蹟等，結果第一組明顯比後兩組更相信它們的存在。

　　埃普利是在實驗室裡誘發孤獨感的，那麼，現實中的孤獨感是怎麼產生的呢？埃普利認為，與世隔絕其實是現代社會才普遍存在的現象。人類自誕生以來，由於生產力低下，絕大部分時間必須過集體生活，幾十個人經常一起野營、一起打獵。即使進入小農經濟後，一個農夫也往往難以生存，需要親屬和鄰居互相合作。只有城市化開始以後，由於生產力高度發展，一些人只靠貨幣交易就能維持生活，特別是福利保障制度的完善，讓有些人不工作也不至於餓死。他們從收入端到消費端，都不需要與人打交道，這會引發強烈的孤獨感。

　　埃普利這個實驗發表於西元 2008 年的《美國心理學雜誌》，它比較初級，還需要更廣泛、更系統的實驗來驗證。不過，這個實驗能夠解釋一個現象，就是為什麼退休的老人容易被迷信所俘虜，甚至成為迷信的推手——他們待在家裡，離開了工作單位，逐漸與人群疏離，產生了強烈的孤獨感。

　　這項研究結果可能違背了人們的一個常識。在各種統計中，迷信現象在農村比在城市更盛行，而住在農村的人經常拜訪親友，頻繁互動，反而是都市人更多地感受到孤獨。這兩種現象之間如何協調呢？

　　其實，這可能源自不同的迷信動機，在農村，宗教迷信更來源於合群、一起取暖的動機。一村一社或者同姓的人往

往信奉同一個教派，身分認同感比較強烈，所以，他們更傾向於公開自己信某某教。

而都市人都在生產部門上班，最重要的身分是公司職員，是單位員工，從迷信那裡獲得身分認同的動機比較弱。都市人的迷信更多出於個體心理動機，有不少人自己關起門來迷信，但是並不參加什麼組織，所以這在統計資料上反映不出來，而孤獨感就是促進城市迷信的重要心理因素。

10 人類越變越聰明？

筆者認識一些在兒童醫院從事智力測驗的朋友。他們說，同樣一套智力測驗題，在 1980 年代測試當時的孩子，平均分數為 100 分左右，可是測試現在的孩子，隨便哪個都能測出 120 分。

也就是說，隨著教育和營養等因素的改善，現在的孩子比 1970 ～ 1980 年代的兒童聰明多了。

這並非只是個人印象。澳洲心理學家弗林統計了各國心理測驗的成績，證明它是一個普遍現象。西元 1982 年，他將這個發現發表在《自然》雜誌上，並得到公認，這個現象就被稱為弗林效應。

用嚴格的定義來描述，可以說隨著時代的發展，心理測驗的成績不斷提高。用不那麼嚴格的定義來描述，也可以說人類正在越變越聰明。

　　不同的電腦晶片可以區分功率大小，生活中人與人之間的聰明程度也是不同的，人們知道有些人是天才，有些人則連生活都不能自理。只不過長期以來，人們並不知道智力的生理本質是什麼。

　　心理學產生後，智力自然也成為其中一個重要研究課題。西元 1904 年，法國教育專家比奈（Alfred Binet）和西蒙，受教育行政部門的委託，編寫了一系列試題，測驗孩子們先天的、遺傳的智力，以便把兒童分組，根據不同的智力水準制訂相應的教育計畫。他們製作出世界上第一套智力測驗，並確定了「智力年齡」和「智商」這兩個衡量人類智力的基本概念。

　　如果一個孩子能完成給 10 歲兒童的智力測驗，但不能完成 11 歲兒童的智力測驗，不管他的實際年齡是多少歲，他的智力年齡就是 10 歲。用智力年齡除以實際年齡，再乘以 100，所獲得的數值就是智商。比如，孩子的智力年齡是 10 歲，實際上只有 8 歲，智商就是 125。如果實際年齡已經有 12 歲，那麼智商就是 83。

　　心理學家研究智力的一個目標，就是編寫出不受後天教育影響的智力測驗，爭取能測出「純粹智力」，所以，弗林效應大體能說明人類智力在上升。

　　現實生活中，確實有物質因素在影響人的智力。由於兒童大腦正在發育中，比較脆弱，日本腦炎、營養不良等都會

讓他們的智力受到無可挽回的傷害。反過來，最近幾十年，衛生事業不斷發展，這些疾病和營養不良現象大大減少，很有可能提升了下一代兒童的智力。

同時，智力與其是否得到開發也有極大關係。今天孩子們接收資訊的便利程度遠遠高於父輩，智力極可能像肌肉那樣，因為經常使用而得到提高。

當然，也有心理學家提出質疑，認為弗林效應只能說明心理測驗成績在提高。隨著教育和心理衛生事業的不斷發展，越來越多的孩子在接受智力測驗，導致他們比自己的父輩更擅長這類測驗，這並不能說明他們的智力真的普遍提高了。

答案究竟是什麼，有待進一步的研究。

第二章
生物新發現

　　萬物同源，人類並不能單純從自己身上了解自己，還需要研究萬千物種。隨著環境意識的提高，人類如何與生態系統中的其他生命共處，也成為一個重要課題。

　　我認同一個看法，21 世紀會是生物學的世紀。所以，第二章就來介紹這裡會有哪些有趣的問題。

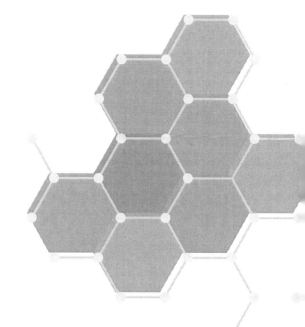

01 老鼠可以不怕貓

　　貓吃老鼠，所以老鼠在正常情況下都怕貓。這裡面是具體的生理機制在發揮作用：老鼠對貓尿的氣味有恐懼心理，聞之即躲。然而在不正常的情況下，老鼠反而會親近貓，這種情況就是老鼠被弓形蟲感染了。

　　弓形蟲是種寄生蟲，可以進入老鼠的腦部。美國史丹佛大學的薩珀爾斯基教授發現，若是將感染弓形蟲的老鼠置於有貓尿味的環境裡，老鼠的大腦反而會活躍起來，同時負責恐懼的區域受到抑制。受此影響，被感染的老鼠反而會去追逐貓，這種行為變異的結果，增加了貓捉老鼠的成功率。

　　弓形蟲靠寄生生活，這樣把宿主整死，對它有什麼好處呢？原來，弓形蟲需要在貓的消化系統裡面繁衍，所以能讓老鼠主動接近貓，進而被吃掉，恰恰有利於自己的繁衍。更奇怪的是，感染了弓形蟲的老鼠，除了不會對貓尿產生恐懼反應之外，其他反應都保持正常，倘若遇到非貓科捕食者，老鼠仍然會產生恐懼感。

　　這意味著弓形蟲控制老鼠的行為，完全是讓牠服務於自身的繁衍。當然，這並不意味著弓形蟲的智商有多高，這只是進化選擇的結果，能讓老鼠接近貓的弓形蟲，更容易生存下來。

　　弓形蟲控制老鼠屬於一個更廣泛的現象。能夠寄生的生物包括細菌、病毒、真菌和原生動物，它們不僅吸收宿主的

營養，還會在一定程度上控制宿主的行為，來彌補自己不能自由移動的缺陷。

正像韓國電影《鐵線蟲入侵》中的情節那樣，人類也會被寄生蟲控制，做出有利於其繁殖的行為。《鐵線蟲入侵》雖然是科幻片，可是情節有科學依據。人類的皮膚受到真菌感染，我們會忍不住抓撓，從而擴大感染面積；狂犬病人有撕咬傾向，會導致更多人感染。

寄生物甚至能導致人類的肥胖。人體中有一個 FIAF 基因，腸胃排空時，FIAF 基因開始發揮作用，讓人體利用儲存的脂肪供能。這樣，人暫時不會產生飢餓感，或者雖然有，也容易克制。

然而，人體內寄生的某些菌群能干擾 FIAF 基因，讓它無法發揮作用。這樣，腸胃一旦排空，人就會產生飢餓感，並且難以控制，進而會經常吃下過量的食物。對於某些重症者來說，他們經常飢餓，甚至餓得頭昏心慌，冷汗直冒，非進食不能解決。

科學家做過一個實驗，他們殺死老鼠身上的菌群，發現老鼠的腎上腺皮質激素會增加分泌，讓牠的行為更加大膽。老鼠是典型的模式動物，這種規律在人類身上肯定也會有所體現。

回到前面的弓形蟲，人類吃了沒煮熟的肉就可能會受到感染。據估計，人類約有三分之一的人口感染弓形蟲，已開

發國家約占總感染人口的十分之一，開發中國家的感染人數，高達總感染人口的十分之九。有這麼多感染者，人類行為到底多大程度上受弓形蟲之類的寄生物控制，這是個急需研究的課題。

02 跟著人類有飯吃

在科幻片《猩球崛起》中，凱撒解救了猩猩同胞以後，帶著大家在深山老林裡建立營地。如果牠們只是想打獵採摘，過老祖宗的生活，當然可以這樣選擇，然而，牠們因為想建立屬於自己的文明，最終還是選擇進攻城市。

動物保護工作中有一項內容叫做野化放歸，在人工環境下繁育的野生動物，要訓練牠們野外生存，再放回大自然，目的是讓牠們徹底適應野外生活。然而在現實中，野生動物恰恰更喜歡與人類生活在一起。

不算人類主動畜養的牲畜，老鼠是最早向人類定居點主動進發的動物。原因就是自農業出現以後，人類開始集中種植和儲存糧食，老鼠在人類定居點更容易獲得食物。

隨著人類定居點逐漸擴展，人類的生活空間越來越多地與熊的生活空間互相交叉。熊是雜食性動物，定居點的垃圾箱吸引著牠們，於是很多熊會溜進人類的小鎮。遠洋漁民也發現，虎鯨會長時間尾隨漁船。當漁船收網時，牠們就衝上來搶魚吃。

這些例子說明，野生動物更傾向於接近居民點，或者糧庫之類的建築。這是否已經成為規律？動物學家展開了研究。

　　環保專家拉娜雅卡專門研究斯里蘭卡首都可倫坡的漁貓。這種動物主要生活在水邊，可倫坡城市擴建後，牠們溜到市內，專門偷吃人類飼養的寵物魚。拉娜雅卡開始跟蹤一群野生漁貓，發現牠們已經適應了停車場或者公路這樣的環境，並且在城市裡生下後代。

　　美國明尼蘇達大學的羅德教授，研究了小型哺乳動物在城鄉環境裡的差距，範圍包括鼩鼱、田鼠、蝙蝠和松鼠，結果表明，城市裡的野生動物和牠的鄉村同胞相比，腦容量增加了 6%。人類大規模建城也就是兩三百年歷史，這個進化速度十分驚人。

　　甚至，蚊子都獲益於人類的定居。全世界約有 3,000 多種蚊子，叮咬人類的其實只有幾種。隨著人類形成鄉村、小鎮和城市，這部分蚊子能夠方便地找到叮咬目標，數量因此大增。

　　為什麼野生動物喜歡城市？如果站在動物的角度來看問題，原因可能十分簡單。人類要維持一個定居點，就要把食物集中到這裡，野生動物同樣看中這個便利條件。由於城市供暖充足，形成熱島效應，溫度比周圍的鄉村和野外普遍高幾度，野生動物也更願意在此棲息。

野外環境對人類不安全，對野生動物同樣如此，洪水、乾旱和雪災都會令野生動物大量死亡。而城市通常選址在相對安全的地方，周邊又建起各種抗災減災設施，越是現代化的城市，離自然災害就越遠。

此外，從體型上看，大型野生動物都被人類驅趕到遠離城市的地方，城市裡的小型野生動物失去天敵，反而過得逍遙自在。

還有一個重要因素，隨著人類生態多樣性意識的提高，各國政府都頒布了禁獵措施。北極熊和鯨這類動物如今接近人類時較少受到傷害，新一代野生動物沒有瘡疤，當然更不會記得痛。

03 基因研究或有重要突破

基因是 20 世紀生物學最重要的突破，今天生物學的許多尖端問題都與基因有關。也正因為如此，要是基因的基本知識這個基礎發生變化，整座生物學大廈就會動搖。但是，這個基礎恰恰非常不穩定，不少已被寫入課本的基因知識，都可能在不遠的將來有所變化。

其中之一就是 DNA（去氧核糖核酸）的雙螺旋結構。由雙螺旋組成的 DNA 結構，早就出現在各種圖書中，已經廣為人知。然而幾十年前，科學家就在試管中製造出擁有四個螺旋的 DNA。幾年前，英國劍橋大學的科學家，更是在人

體內發現了天然的四螺旋結構 DNA，稱為 G- 四聯。

當然，這種 DNA 在人體中非常罕見。科學家使用一種抗體蛋白進行實驗，讓它們附著在富含四螺旋 DNA 結構的區域，才得到這個發現。

研究 G- 四聯體並非只有學術價值，它與治療癌症有很大的關係。致癌基因會引發細胞的急速增殖，造成 G- 四聯體更為密集。科學家借助這種抗體蛋白找到 G- 四聯體，再用藥物促使它們解體，便可以控制癌細胞的增殖。

DNA 是地球上所有生命得以延續的資訊基礎，這也是生物學的基本知識。然而有些科學家卻在研究，是否還存在過一個由 RNA 主導的生物世界。

RNA 是核糖核酸，在主流生物學當中，它的作用只是翻譯去氧核糖核酸上的資訊，讓蛋白質以此為範本進行合成，最終呈現出千姿百態的生物面貌。然而生物學家還發現，RNA 並非完全是被動的複製工人，它會主動開啟某些基因，也能關閉某些基因，讓一些基因更活躍或者不活躍。而且，要是 RNA 只是一個單純的資訊翻譯機，大自然為什麼要多此一舉？直接讓蛋白質按照 DNA 的資訊複製不是更簡單？

1960 年代，卡爾‧烏斯（Carl Richard Woese）和亞歷山大‧里奇（Alexander Rich）開始懷疑 RNA 曾經是獨立的生命體。到了西元 1986 年，諾貝爾化學獎得主吉爾伯特（Walter Gilbert）正式提出「RNA 世界」學說。他們認為，如果

把生命的本質定義為能夠自我複製，RNA 大分子可能就是最早的生命體，它們中的某些類型已經可以自我複製，並且指揮蛋白質按照複製的資訊組成新形體。

當然，RNA 的資訊傳遞功能很不完善，容易被環境因素所干擾，後來便被更完善的 DNA 所代替，自己則成為遺傳工作的副手。

西元 2020 年，英國劍橋分子生物學實驗室的科學家又提出了折中的觀點，認為地球上最早的生命既非 DNA，也非 RNA，而是兩者的混合體。他們在實驗室裡製造出 RNA 和 DNA 的雜交分子，並推論說，地球早期也具備類似環境，可能是先出現了這種混合分子，然後分化成 DNA 和 RNA，前者單純承載遺傳信息，後者以蛋白質合成為主要任務。

這些新假說既有支持者，也有反對者，到現在也沒有被證實或者證偽。也許，你可以從中尋找到奪得科學大獎的機會。

04 低等動物也能使用工具

會使用工具，曾經被認為是人與動物的本質區別。不過在 1960 年代，動物學家珍・古德（Jane Goodall）在非洲野外環境裡觀察黑猩猩，發現牠們能用樹枝釣白蟻，從而揭開了靈長類使用工具的發現史。

科學家已經發現，靈長類能用石塊砸開堅果，能用棍棒

抵抗其他野獸，能用咀嚼過的樹葉去吸水。甚至，有人拍攝到一頭大猩猩用木棍去測試水的深度。

築巢是鳥類的本能，所以牠們也能使用工具。科學家甚至訓練了一種烏鴉，讓牠們用短木棍構出長木棍，再用長木棍勾取食物。

這樣，使用工具又被認為是高等動物的象徵。相對於身體而言，高等動物的腦很大。然而人們又發現，屬於哺乳類卻不是靈長類的大象，也能夠用鼻子卷起樹枝，去拍打背後的蒼蠅。

日本理化學研究所的科學家，決心挑戰這個界限，他們開始訓練老鼠使用工具，專門設計了微小 T 型耙給老鼠，讓老鼠能夠抓握它，將食物耙到自己身邊。實驗中，老鼠一開始並不會使用 T 型耙，經過 60 天的訓練，牠們掌握了這種技能。

老鼠是低等哺乳類動物，在自然界裡還沒有發現牠們使用工具的跡象，這是第一次成功訓練老鼠操作工具。當然，牠們用了科學家特製的工具，有「開掛」的嫌疑。不過在某些人工環境裡，科學家發現鼴鼠會把鋸木渣放到口鼻處，阻擋自己吸入髒物。

爬行類在演化樹上低於哺乳類，鱷魚就是典型的爬行類。西元 2007 年，動物行為學家迪內茨在印度一個動物園裡，目擊鱷魚叼著木棍襲擊鳥類。此後，他開始研究野外的

短吻鱷，再次發現牠們會用樹枝攻擊白鷺，甚至有可能刻意地用木棍引誘會築巢的鳥，等牠們飛過來叼木棍時進行捕食。

短吻鱷體重能達到 300 公斤，腦子卻只有 10 克，相當於一粒核桃。這麼小的腦子卻能指揮那麼大的身體使用工具，說明動物使用工具的現象可能更為普遍。

黃蜂作為昆蟲，比爬行類更低級。動物學家觀察到黃蜂把卵產到洞裡以後，會用嘴咬住小石子，敲打洞口附近的沙粒，進而掩蔽洞口。

能使用工具的最古老的動物可能是海蠍，牠是四億年前的古生物，身長可達 2 公尺。某些化石表明，海蠍會把海蝸牛的殼拖過來，將尾部伸進去。海蠍的腮長在尾部，伸進這些殼中可以讓腮保持溼潤，以便在退潮的沙灘上長時間捕食。

動物使用工具的不少例子，都發生於人工環境，甚至就在實驗室中，動物使用的也是專門為實驗設計的工具。不過，家裡有寵物的讀者都知道，寵物相當會擺弄那些專門為牠們製造的玩具。這些現象可能意味著，許多動物都有使用工具的潛能，但牠們不會製造工具，野外又沒有那麼多便利的物品，這才可能是很少發現動物使用工具的原因。

05 高等動物也能感知地球磁場

與工具使用能力相反，感知地球磁場的能力，一向被認為只有低等動物才擁有，它屬於昆蟲、海龜、龍蝦、鮭魚、虹鱒、蠑螈和鼴鼠，蝙蝠和某些鳥類也靠它導航。那麼，更高級的動物會不會也有這種能力？

透過檢測磁場而感知自身的方向、高度和位置，在科學界叫做「磁感受」。這是西元 2018 年才出現的新概念，它的產生機制還沒有完全搞清楚，科學家推測了幾種可能。有些生物的神經元能產生磁性晶體，透過它來感受磁場。另外一些生物對水中的電荷更為敏感，而電荷會受磁場影響，魚是這方面的典型。還有一種叫隱花色素的蛋白質，存在於某些鳥類的眼睛裡，這是牠們擁有磁感受能力的生理基礎。

不管原因何在，與高等動物的視覺和聽覺相比，磁感受能力是較原始的感知能力，在低等生物中更為普遍。然而，生物學家在高等動物中也發現了磁感受能力。

一組生物學家觀察了全球 308 處牧場和草原，拍攝了 8,510 頭牛的日常生活照片，他們還在捷克記錄下 2,974 隻鹿的生活資料。統計表明，這些牛和鹿傾向於在休息時面朝南北磁極。這些牧場的其他環境因素，包括海拔、氣候和地形都不一樣，這麼多牛和鹿卻都傾向於朝向磁極，於是科學家推測，牠們有可能感受到地球的磁場。

問題來了，人類是否擁有磁感受能力？其實，科學家早

就知道人腦能對磁刺激有反應，還發明了名叫「經顱磁」的技術，顧名思義，就是「經過頭顱的磁刺激」。這種儀器發明於西元 1985 年，現在已經是常規的實驗和治療設備，對憂鬱症、精神分裂症、腦癱、自閉症和睡眠障礙等疾病都有療效。

人腦能受到經顱磁儀器的影響，當然也有可能受地球磁場的影響，只不過後者比前者微弱得多。美國加州理工學院的克什維克教授，透過模擬磁場進行研究。他在實驗室裡模擬出與地球磁場強度完全一樣的人工磁場，不過方向可以隨意調整。

克什維克教授透過腦電圖，記錄下受試者在不同磁場方向中腦電波的變化。結果發現，當磁力線向下時，腦電圖和平時一樣，如果磁力線向上，由注意所引發的 α 波就會增加。

地球的天然磁力線從南極出發上升，在北極下降。克什維克的實驗表明，倘若人造磁力線和天然磁力線的方向不一致，就會導致人體的警覺。

動物進化水準越高，視覺、聽覺等感知能力就越發達，磁感受能力在環境適應中的價值也就越低。或許猴子、猩猩和人類真有一定的磁感受能力，可是在生活中用不上，就被壓抑了。我們究竟有沒有磁感受？如果有，會對我們產生多大影響？這都是很有研究價值的問題。

06 黑猩猩的智力成分真能超過人

《猩球崛起》翻拍自 1960 年代末的《人猿星球》，無論舊版還是新版，都以智慧的猩猩為賣點。

按照電影設定，牠們是吃了人類的藥物後，智力才達到人類的水準。不過，黑猩猩是與人類親緣關係最近的動物，在生物學上，牠們和人類同屬於人科，同樣的藥劑若是給鱷魚或者黑熊吃掉，肯定沒有這種效果。

然而在現實世界中，黑猩猩的智力真能達到、甚至超過人的水準嗎？回答這個問題，首先要明確什麼是智力，不過，這也恰恰是心理學界還沒有定論的。

最狹義的智力僅指使用文字符號的能力，也就是讀書、寫字、計算的能力，如果以此為標準，所有動物都沒有智力可言。最廣泛的智力是指解決問題的能力，於是，連青蛙甚至螞蟻多少也有點智力。

要比較不同個體之間的智力，就需要用同一個標準進行測驗，不過，給人類使用的智力測驗無法用於動物。所以，要是你看到下面這類文章標題，比如〈地球上 IQ 最高的十種動物〉，或者〈猩猩的智商相當於五歲兒童〉，可以肯定它們沒有科學依據。

無論如何定義智力，它都是一種整體能力，裡面包含著許多成分。雖然目前在整體上，無法比較人與動物的智力，卻可以挑出某個具體的智力成分比較，記憶力就是其中之一。

西元 2007 年，日本京都大學靈長類動物學家，記憶測試三組黑猩猩母子。他們讓黑猩猩觀看電腦螢幕上面閃過的數字，記住它們的位置，在數字消失後再指出這些位置。

黑猩猩普遍能完成這個任務，其中一隻 7 歲的黑猩猩做得最好。接著，他們又找來幾名大學生與這隻黑猩猩比賽。結果，大學生的成功率只有 40%，黑猩猩卻達到 80%。20 來歲的大學生竟然輸給一隻年齡相當於人類小學生的黑猩猩，可見在快速記憶這個智力成分上，黑猩猩真有可能超過人類。

進行實驗的動物學家介紹說，這隻黑猩猩為此接受了幾年專門訓練，但是大學生也接受了 6 個月的訓練，成績還是不如黑猩猩。

即使整體上智力達不到人的水準，黑猩猩在很多方面也接近於人。西元 2015 年，《英國皇家學會學報》介紹了一項有關黑猩猩烹飪能力的實驗，科學家專門製造出一種小盒子，把馬鈴薯片放在裡面搖動一會，就能被烤熟。他們來到非洲剛果的黑猩猩保護區，分別投放生馬鈴薯片和熟馬鈴薯片給黑猩猩，不出所料，黑猩猩普遍喜歡吃熟馬鈴薯片。然後，他們提供這種專門給黑猩猩製造的簡易烹飪工具，結果 60%的黑猩猩學會了用它加工馬鈴薯片。

當然，要是把智力的定義放寬到解決問題的能力，那麼，馬戲團裡面的動物普遍都超過人類 —— 牠們能夠鑽火圈、騎獨輪車，而普通人卻不能。

07 動物也有同情心

人人都有同情心。當我們看影視劇時，明明不是自己的遭遇，而且知道都是假的，卻也會為人物的命運歡笑、悲傷和恐懼，甚至看國外電影也不例外。這說明同情是跨文化的，人類普遍擁有這一心理功能。

同情心究竟有沒有客觀的生理基礎？心理學家一直在研究這個問題。直到西元 1996 年，義大利帕爾馬大學的里左拉蒂從恆河猴的腦部發現了鏡像神經元，才算有所收穫。

鏡像神經元不同於一般神經元，它們能儲存特定的行為模式，擁有它的動物即使自己沒做出某種行為，只是看到同類的行為，對應的鏡像神經元也能興奮起來。這些鏡像神經元集中於腦部的某些區域，在那裡形成同情的基礎。

里左拉蒂用單細胞記錄技術，發現鏡像神經元，這種技術把微電極插到一個個神經元當中，記錄它們哪個活躍，哪個不活躍，這樣就精確地分離出這種特殊神經元。從那以後，科學家開始在人腦中尋找鏡像神經元，但是他們又不可能把活人的腦切開來觀察，所以就參考猴腦的研究結果，用正電子斷層掃描技術隔著頭蓋骨掃描對應部位，尋找鏡像神經元的集中處。

不過，這種對恆河猴的研究，還產生了另外一個結果，那就是證明了靈長類動物也有同情心。其實，中國有句諺語「殺雞給猴看」，說明古人已經發現猴子有同情能力，一些家

畜在同類被宰殺時會流淚，說明低於靈長類的哺乳動物也會有同情心。

更低級的動物會不會有同情心呢？美國加州史丹佛大學的馬倫卡團隊，用白鼠進行了相關研究。他們先是記錄下白鼠在恐懼或疼痛時，腦的哪些部位會活躍起來，然後讓一隻白鼠處在其他白鼠的視野中，令其出現恐懼或者疼痛反應。結果表明，作為觀察者的白鼠，其大腦相應部位也活躍了起來。

反過來，馬卡倫用嗎啡緩解實驗小鼠的疼痛，再把牠們放到其他小鼠面前，這些小鼠也生產了與愉快對應的腦部活動。這意味著一隻小鼠無論痛苦或是愉快，都會影響其他的小鼠。

在另一項實驗中，科學家先將白鼠兩隻兩隻地放到籠子裡，讓牠們彼此熟悉。兩週後再把牠們分開，一隻鎖在籠子裡，另一隻放到籠子外面，而籠子只能由外面的機關打開。

實驗表明，所有籠子外面的自由鼠都會努力營救同伴，牠們會反覆嘗試，直到把門打開。如果籠子裡面不放東西，或者只放人造的鼠模型，這些自由鼠就對籠子無動於衷。

為了進一步測試老鼠的行為有沒有利己動機，科學家改造了籠子的結構，一旦自由鼠觸碰到機關，囚禁鼠只能從另一邊的出口逃生，無法與自由鼠接觸。結果表明，這並不影響自由鼠解救同伴的行為。

同情心聽上去很有道德色彩，可它首先是一種生存本領，正是同情心讓動物群體互相幫助，應對危險。到底哪些動物還有同情心，同情心在族群發展中扮演什麼角色，非常值得我們繼續深入研究。

08 半數生命在地下

地球上的生命主要生活在哪裡？大陸還是海洋？答案可能都不對。一些科學家認為，地球上半數生命生活在岩石圈裡面！

西元 1991 年，在瑞典一口六千公尺深的探勘井下面，發現了磁鐵礦，它們不像岩石中原有的成分，更像微生物分解的結果。按照這個思路找下去，到了西元 1994 年，當地科學家找到一種鐵還原細菌，它們可以將三價鐵還原為磁鐵礦。

後來，俄羅斯西部和中國東部的超深鑽井，都發現了這類微生物。種種跡象表明，地球深處可能存在著一個生物圈，它們不靠太陽能，僅靠地層中生成的氫氣和礦物能量維持生命。

不過，地層深處溫度非常高。溫度升高，微生物中的蛋白質活性就下降。那麼，微生物究竟能承受多高的溫度呢？目前的最高紀錄已經達到 150℃，也就是說，微生物可以生存在地下 4 公里（1 公里＝1 千公尺）處！

深層生物必須生活在岩石縫隙裡，所以能在這種環境下

生存的主要是微生物，幾乎不存在多細胞動物。這些微生物是一群強悍的生命，可以承受高溫、高壓和強輻射，完全不需要陽光和氧氣，因為缺乏營養，它們的生長十分緩慢。

不過，據現在一些探勘樣本估算，若是將地層深處存在的微生物全部拿來稱一下，其重量能達到地球所有生命的一半。也就是說，我們能看到的野獸、魚和鳥，甚至不起眼的昆蟲，加起來只有這些黑暗細菌那麼重。而從數量上統計，地球深處的病毒又有細菌的 10 倍之多！

仔細想想也不奇怪，陸地生物只生活在地球表面薄薄的水平層，無論什麼樣的猛獸，都無法吸收哪怕 10 公尺以下的營養物質。天空中雖有飛鳥，但其總數與地面動物相比更是微不足道，而地層裡的生命，可以在上下幾千公尺的立體空間內生存，總量當然可觀。

另外，雖然海洋生物也在海水裡分層生存，且海洋生物的總量是陸地生物的 4 倍，卻也遠遠無法與地層中的生命相提並論，更何況深層生命不僅生活在陸地深處，也生活在海洋地殼的深處。

這些黑暗生命是怎麼來的？科學家當然首先認為它們產生於地面，然後不斷深入，並在深處發生進化，適應那裡的環境。有些地方，地表水就可以帶著細菌灌入地層 10 公里。

不過進一步的研究表明，深部生命與地表生命沒有多少相似之處，反而更接近於海洋深處的微生物。所以又有人估

計，它們都來自陽光照不到的海洋深處，從一開始就不需要陽光提供能量。在滄海桑田的演變中，這部分海洋上升為陸地，而其深部的生命則被困住，獨立進化。

限於鑽探能力，我們對地層深處生物的研究最近才開始，但是它們很有可能改寫生物學教材 —— 它們意味著地球上至少一半生物並不需要陽光。

同時，這也給人類在太陽系中其他天體上找到生命提供了信心。現在提起地外生命，人們都希望能在其他天體表面找到，現在看來，我們更有可能在這些天體的地層深處有所發現。

09 動物可以「物理滅菌」

動物感染了細菌怎麼辦？當然要靠自身的免疫系統解決。脾臟能過濾血液中的病菌，巨噬細胞負責吞掉外來微生物，唾液裡的溶菌酶可以殺死細菌。

所有這些反應都是複雜的生物化學手段，然而生物學家卻發現，個別動物可以用簡單的物理手段滅菌。這種動物就是蟬，牠的翼便是一種殺菌武器。

人們經常會用「薄如蟬翼」這個形容詞，可見其厚度之薄。不過在顯微鏡下，我們能發現蟬翼上有相當多鞋釘狀的表面結構，尺度僅在奈米級。當微米級的細菌落在上面後，這種釘子陣會把它們困在裡面，隨著蟬的運動，囚禁在蟬翼上的細菌被拉伸、變形，最終細胞膜破裂而亡。

　　一個西班牙和澳洲的聯合團隊，共同獲得了這項發現。為了進一步研究其中的規律，他們把細菌放進微波爐，改變細胞膜的彈性，然後再把這些加工過的細菌撒到蟬翼表面。結果證明，細胞膜越有彈性，越會被鞋釘陣撕碎。

　　這項研究有什麼實用價值呢？它可以幫助我們發明新型抗菌材料。公共場所的桌椅、門把這些地方經常被觸碰，容易成為傳染源，需要反覆清消。如果使用酒精，會有火災隱患，如果使用消毒液，也會對人體有一定危害。

　　所以，人們一直在研究抗菌材料，它們不用隨時塗抹抗菌劑，本身又能抑制細菌滋生。銀就是高效的抗菌材料，但因為其價格昂貴，不可能普及在公共環境裡。銅也是抗菌材料，可是因本身有顏色，即使少量加入到其他材料中，也會影響美觀。汞、鉛、鎘等金屬能抗菌，對人體的危害卻也不小。

　　日常使用的食品包裝膜也是一種抗菌材料，裡面有香草醛或者酚類物質。不過它們都不耐熱，容易水解，只適用於短期包裝。

　　有些以不銹鋼為基礎的抗菌材料，能殺死99％的大腸桿菌和金黃色葡萄球菌，經常被用來做餐具。不過它們又有硬度大的缺點，只能製作形狀固定的容器。

　　綜合這些材料的優缺點，人們希望發明出一種不用添加抗菌劑，細菌碰到就會死的材料，並且還柔軟到能夠製作衣

物。既然這類材料不使用化學方法滅菌，就一定得用物理方法滅菌。現在製成的滅菌材料中，有的能透過生物電反應，讓細胞中的蛋白質凝固，導致細菌死亡；有的能透過光催化反應，在光線下破壞細菌的繁殖能力。

科學家發現的蟬翼結構的滅菌功能，為物理滅菌材料增加了新品種。只要將材料表面製成這種鞋釘陣，便能把細菌困在裡面，導致其死亡。由於鞋釘陣是在奈米尺度上的，也就是一毫米的百萬分之一，人類皮膚接觸時完全不會有傷害。

第三章
進化新觀點

　　一噸重的老鼠，兩公尺長的蝦，四隻翅膀的鳥……

　　聽上去像是在介紹一部怪獸電影，不過化石資料顯示，這些怪物真的存在於地質年代之中。是進化的魔力，才讓生命世界演變成我們今天看到的樣子。那麼，這是一個怎樣的過程？它還會帶領生命走向何方？

　　這裡面還有不少細節沒有搞清楚，在科學領域，它們屬於古生物學和古人類學。這就是本章的內容。

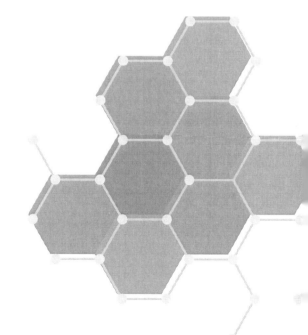

01 有些恐龍可能是恆溫動物

恐龍都是冷血動物。這曾經是教材中的內容，不過研究到現在，科學家對此已經不那麼確定，他們認為，至少一部分恐龍可能是恆溫動物。

「冷血動物」是個俗稱，並不準確，學名應該叫變溫動物，牠們的體溫會隨著環境溫度的變化而變化。古人撫摸變溫動物時，通常覺得牠們比人類的皮膚更冷，尤其是某些無毒的蛇，古人將牠們繞在身上當成免費空調。或許正因為這樣，牠們才被稱為冷血動物吧！

為了保持體溫，恆溫動物要消耗大量的食物，這是進化道路上更為複雜的生存方式，只有哺乳類和鳥類是恆溫動物。正因為沒有保持體溫的負擔，對生存環境也不那麼挑剔，變溫動物產生於恆溫動物之前，在地球上統治了幾億年。

即使在今天，如果單單計算種類和總體積，變溫動物也遠遠超過恆溫動物。魚類和爬行類都是變溫動物，恐龍是典型的爬行類，於是也被推測為是像鱷魚那樣的變溫動物。

不過在西元 1994 年，科學家從蒙古找到了一塊禿頂龍化石，這隻恐龍死亡時正在睡覺，採用了把頭縮在前肢裡的姿勢，這和恆溫動物鳥類的睡姿十分相似。西元 2005 年，中國學者也在遼寧省發現了類似姿勢的恐龍化石。

能在化石中看到恐龍睡眠的姿勢，需要一種罕見的巧

合，那就是在恐龍睡覺時發生地震或者洞穴坍塌，把牠們埋在下面。恰恰是這種巧合的結果告訴我們，至少有一部分恐龍可能是恆溫動物，特別是將來會進化為鳥類的那一部分。

以色列希伯來大學的學者研究了三種恐龍蛋，認為這些蛋的殼是在 35℃～ 40℃的環境裡形成的。這裡要注意，他們使用了「同位素地球化學方法」，這種科學研究方法透過研究蛋殼形成時吸收的同位素，來分析它們的溫度。

對於這個結論的原因有兩種推測：一是當時環境的溫度非常高，恐龍的身體也隨著環境升到這麼高的溫度；二是這些恐龍是恆溫動物，能長期保持 35℃～ 40℃的體溫。

在接下來的研究中，這些專家又分析了同一地區和恐龍同時代的貝類化石，牠們是典型的變溫動物。結論是這些貝類的體溫平均在 26℃左右，說明第二種推測可能更可靠。

還有一些學者透過化石推測，某些小型恐龍身上進化出了羽毛，更易於保溫，牠們可能率先成為恆溫動物，只不過後來進化為鳥類，而不是隨著那些大型恐龍一起滅絕。後者身上只有鱗片，一直是變溫動物。

這些小型恐龍究竟有多小呢？可能只有鴨子大小，這反而使牠們更易於撐過小行星撞擊引發的災難。有研究表明，恐龍滅亡 1,000 萬年後，鳥類開始大爆發，最終占領天空。一些學者甚至認為，今天的鳥嚴格來說，應該歸屬於恐龍類。

倘若這種學說得到公認，那麼也就相當於承認一部分恐龍是恆溫動物，因為鳥類都是恆溫動物。

02 哺乳動物沒有「鳩占鵲巢」

恐龍稱王的時代，哺乳動物的祖先只有老鼠那麼大，生存在恐龍的陰影裡。由於恐龍滅絕，我們的祖先才得到機會，成為生物鏈上的王者。

這段「鳩占鵲巢」的故事，出現在不少科普圖書裡。不過它還不是定論，有個國際學者團隊對此提出異議，這個團隊包括紐約州立大學的奧利里、中國古脊椎動物研究所的倪喜軍等專家。他們認為，恐龍滅絕時地球上還沒有哺乳動物，我們的遠祖誕生在稍後的某個時代，不過，這兩件事也不算相隔太遠，相差可能「只有」20 萬年。

要得出這個結論，首先需要確定那顆小行星是在什麼時候撞擊地球的。幾十年前，學者們要研究地質年代中發生的事件，只能推導出粗略的時間，這起撞擊事件被推測是在6,500 萬年到 6,600 萬年前發生的。如今，美國加利福尼亞大學伯克利分校的科學家，已經將事件精確到 6,595 萬年前，誤差只有 4 萬年。

幾萬年對於人的一生來說過於漫長，但對地球來說只是一眨眼的事。伯克利大學的專家使用了「鉀氬年代測定法」。岩石中的鉀 -40 會衰變成氬 -40，半衰期有 12.5 億年。

所以，透過測量岩石中鉀-40與氬-40的含量，就能測定這塊岩石的形成年代。

在此之前，科學家也是用半衰期的方法來測定地質年代，只不過使用的是「鈾鉛同位素年代測定法」。鈾-238的半衰期接近45億年，是氬-40的三倍半，相對而言精確性較差。

在這個推測的後半段，專家們還要確定哺乳動物產生於什麼時代，這就需要使用「進化分子鐘」技術。

生物進化總是從低級到高級，從簡單到複雜，從種類少到種類多。把歷史上各種進化環節的生物總結起來，就形成一個類似於樹的圖形，稱為演化樹，大家在課本上應該看到過這棵演化樹。

研究哺乳動物什麼時候產生，也就是要搞清在演化樹上，它與其他物種在什麼時候分叉。最初，古生物學家找到化石並進行研究，根據它埋藏在哪個地層上，推斷出這種生物存活的年代，這當然十分粗略。

1960年代，古生物學家發現了「進化分子鐘」現象，即基因在分子水準的變化速率，會在不同種系中呈線性相關，也就是說，每隔一定時間，基因就會發生一定數量的變化。於是，透過計算兩個相近物種之間基因的差異，便可以推導出它們在哪個地質年代裡分叉。

不過，基因變異的可能性是個天文數字，當年電腦的運

算能力也不夠，所以，「進化分子鐘」概念提出後，很長時間只有理論意義。到了今天，電腦的運算能力提高了不止千萬倍，更是發明出專門測算分子鐘的軟體。

另一方面，今天的古生物樣本也比當年多得多，兩方面的累積，讓古生物學家可以待在機房裡，就計算出各種生物分叉的年代。這個中美聯合團隊便是利用這種軟體，推算出哺乳動物出現在恐龍滅絕後 20 萬年。

當然，化石在這裡也有著一定作用，到現在為止，人們並沒有找到恐龍滅絕之前的哺乳動物化石，所以，那個「鳩占鵲巢」的說法本身也只是推測。

至於何為真、何為假，也許正等著你去破解。

03 動物也能搞馴化

「馴化」這個動詞，前面一般要加主語「人類」，後面的賓語則肯定是某種動物。然而，一些科學家懷疑動物也有馴化行為，牠們或者馴化同類，或者馴化自己。

科學家最早提出這個猜測時，質疑的對象就是狗，這個人類的忠實朋友，卻來自人類的敵人灰狼。透過狗的基因組計畫，科學家發現世界上各個品種的狗，祖先都是一萬多年前的幾頭母狼。

人類是如何與狗化敵為友的？西元 1907 年，英國科學家高爾頓提出假說，認為人類祖先把小狼抱到洞穴裡一起生

活，從而馴化了牠們。美國電影《極地之王》就根據這個假說，虛構了一段兩萬年前的故事，中國電影《狼圖騰》則描寫當代人怎樣馴養幼狼。

然而，這些故事都無法解釋一個疑問：既然原始人經常被狼撕咬，狼肉又不像野豬、野羊、野牛那樣易於食用，我們的祖先為什麼要去飼養幼狼？

新假說認為，最早的狗並非由人類主動馴化，而是一些經常跟隨人類遷移的狼，牠們圖的是吃人類的剩飯。相對於其他品種的狼，牠們對人類更溫順，人類願意牠們留在部落旁邊，至少不會驅趕牠們。久而久之，這些狼自己完成馴化，繼而被人類接受，變成了狗。

馬可能是另外一個自我馴化的例子。牧民馴養馬匹時經常遇到烈馬，也就是相對更不服從人類的馬。在影視作品裡，馴服烈馬通常被當成騎術高超的象徵，但在現實中，牧民更願意馴養溫順的馬。

普氏野馬是現在世界上唯一的野馬，其祖先就是約五千年前被人類放棄的家馬。反過來說，現在家馬的祖先，則是那些更「願意」被馴化的野馬，或者更準確地說，接受馴化是某些動物的習性。

要知道，並不是所有動物都能被人類馴養。人類折騰了一萬幾千年，只馴化了 14 種動物，所以，牠們可能比其他動物更具備自我馴化的特性。

1950 年代，生物學家開始在野生狐狸身上研究自我馴化。他們挑選出最容易馴化的狐狸，發現牠們都有類似狗的特徵，表現為尾巴捲曲，頭部較小，耳朵下垂。這些特徵無助於狐狸自身在野外生存，卻更容易讓牠們被人類接納。

西元 2002 年，蘇黎世大學的進化生物學家，開始研究野鼠的自我馴化。他們把捉到的野鼠放進穀倉，然後不加干涉，也不讓貓和貂之類的天敵進入。幾代以後，這些野鼠就不再恐懼人類，並且牠們的頭部也開始變小，出現馴化動物身上常見的白色斑塊。當然，雖然研究者沒有直接馴化野鼠，但畢竟改變了野鼠的生存環境。

一項對黑猩猩的野外觀察表明，黑猩猩甚至能馴化同伴。牠們的首領在壯年時靠格鬥上位，可是很多首領一直到老年身體衰退後，仍然能待在首領的位置上。生物學家推測，牠們能夠在族群中馴化出對自己的遵從行為。

另一個例子就是孔雀。雄孔雀為了吸引雌孔雀會開屏，而這種絢麗多彩的尾巴再沒有其他功能，反過來說，這可能是雌孔雀對雄孔雀不斷馴化的結果。

04 野火促進植物進化

巴西野火、澳洲野火、美國加州野火……最近幾年，野火的新聞幾乎年年占據頭條，並且它們一燒就是一兩個月，橫貫市鎮，染紅天空，所到之處，一派世界末日的景象。

這些野火往往都有人類活動的原因，有的是被菸頭引燃，有的是遭到故意縱火。當我們來到封山育林區時，也經常會看到「嚴禁用火」的提示，這給人們造成一種印象：野火都與人類有關，只要人類守規矩，就不會有野火。其實事實並非如此，遠在人類誕生前，野火就已經有幾億年的歷史了。

微木炭化石是遠古時期野火焚燒後留下的證據。西元2017 年，美國《國家科學評論》發表文章，全面論述了科學界透過這種特殊化石，整理出來的野火歷史，以及它對植物進化的推動作用。

當我們走在鄉村時，周圍都是大片農田，然而數千到一萬年前，這些地方幾乎都是森林，野火則是當地的常客。樹木死亡後倒伏，生物質慢慢腐爛，這個過程會釋放熱量，久而久之引起火災。樹林上空雷電閃過，偶爾也會擊中樹林，並將其中的一部分引燃。據研究統計，平均每隔 15 年，野火就會光顧同一片林木。

4.2 億年前，地球上誕生了第一批陸生植物，最原始的陸生植物只有幾公分高，顯然無法引起大火。後來，陸生植物在進化中慢慢長大，約在 3.7 億年前，陸地上便開始出現大片野火的痕跡。今天，大氣中含有 21% 的氧氣，而在 2.8 億年前，大氣中的氧含量達到 35%，這也促使野火頻發。

植物在進化中出現的很多性狀，都是為了應對野火。比

如，許多植物不僅靠種子繁殖，枝條離開整體後仍然可以生存，農業上會借此進行扦插繁殖，這種性狀就是野火導致的。為了抵抗焚燒，樹木的樹皮也變得越來越厚。

在進化鏈條上，被子植物的等級高於裸子植物，前者剛出現時，陸地上已經遍布裸子植物，但是裸子植物更容易在野火中被焚毀，於是給被子植物留下了生長空間。

即使不考慮漫長的時間尺度，野火也通常會燒毀樹木中的老弱病殘，留下更健康的植株。大片植物焚燒後形成草木灰，這是一種重要的肥料，利於之後種子的生長。

綜上所述，科學家認為野火就像陽光和水一樣，是生態系統中的基本要素，甚至野火也是人類最早利用的能源。北京猿人會使用火，可是他們不會自己生火，只是從野火中保存火種，可以說沒有野火，就沒有今天的人類。

人類在陸地上拓展的過程中不斷毀林取地，從此隔斷了成片的樹林，這直接降低了野火發生的機率。由於人類已經占據陸地表面的 77%，到處都是居民點，野火通常會危及居民區，所以人類紛紛建立阻止野火的機制。這些都打斷了野火在生態系統中的自然作用，於是，大規模的野火才成為新聞。

05 鳥類曾經有四隻翅膀

野獸有四條腿，鳥有兩隻翅膀，這都是大家從幼兒園就知道的常識。不過這樣的常識現在也有可能被顛覆。古生物

學家認為，在一個較短的時期裡，鳥類也有四隻翅膀。

說起鳥類的起源，其實到現在也沒有定論。古生物學家把能找到的、最原始的鳥類稱為「始祖鳥」，但那也只能說明到目前為止，牠的生存年代最早，並非牠就是所有鳥類的祖先。

另有一種說法認為，會飛的翼龍就是鳥類的祖先。科幻名作《侏羅紀公園》中，古生物專家就認為恐龍表面可能有羽毛，行為舉止更像鳥類。在後來的改編電影中，製作人員對恐龍形象的設計，也借鑑了不少鳥類的特點。此外，還有的學者認為鳥類起源於鱷魚。

古生物學界曾經發生過一個與此有關的故事。1990 年代，美國某個博物館館長在市面上買到一個奇特的化石，兼有鳥和恐龍的形態。這位館長查遍資料，都沒有找到類似這種古生物的記載，便找上加拿大古生物學者柯里共同分析。後者大喜過望，認為這很可能就是從恐龍到鳥類過渡的中間物種，於是為牠取名為「遼寧古盜龍」，此事還在美聯社公開報導過。

不過，這個化石是從中國走私來的，於是柯里便邀請中國學者徐星等專家一起研究。徐星正好在研究一種出產於遼寧的「古盜龍」，他懷疑這件會飛的恐龍是個偽造的標本。於是中美專家用超聲波進行檢驗，最後證明這件標本是用「古盜龍」和「燕鳥」化石偽造的結果。

　　雖然最終沒有查出偽造者的身分，然而他之所以想把「古盜龍」和「燕鳥」拼貼在一起，恰恰是因為牠們在形態上十分近似。「古盜龍」又稱似鳥恐龍，「燕鳥」則與恐龍同時代，是現代鳥類始祖的近親，如今已經滅絕。即使這件化石本身是假的，但恐龍和鳥之間可能有親緣關係，卻一直是古生物學家的猜測。

　　至於這位揭穿化石騙局的徐星，本身也在研究鳥類起源。後來，他與其他專家研究了山東天宇自然博物館的化石，從 11 件原始鳥類標本的後肢上，發現了羽毛生長的跡象。他們認為，鳥類在早期曾有四隻翅膀，牠們的後翼也具備協助飛翔的功能。

　　現代的鳥類沒有後翼，只有後肢，用於站立和抓握，鳥的後肢上也有羽毛，不過比前翼上的羽毛短得多，緊貼皮膚生長，並且覆有盾形鱗片。這讓現代鳥類的後肢完全失去了飛行功能，這裡的羽毛只剩下自我保護和保溫的功能。

　　中國的古生物學家認為，後肢生長羽毛，是鳥類和許多似鳥恐龍的普遍特徵。鳥類最初生活在樹棲環境裡，後來搬到平原，並且靠近水面，腿上的羽毛就是在這個過程中退化的。

　　所以，長著四隻翅膀的鳥，恰恰是四條腿的恐龍與兩條腿的鳥的中間形態。不過要證明這一點，還缺乏很多化石證據。

06 尼安德塔人不比我們傻

西元 1856 年，考古專家在德國尼安德山谷洞穴裡，發現了新穎的古人類化石，將他們命名為尼安德塔人。研究表明，他們是智人的遠親。約 23 萬年前，尼安德塔人與智人分離。後來，他們的足跡曾經遍布歐亞大陸。

6 萬年前，智人再一次走出非洲後，曾經與尼安德塔人比鄰而居長達幾萬年。不過，後者的數量越來越少，最後在約 2.8 萬年前滅絕。從此，歐洲成為晚期智人的天下。晚期智人又稱現代人，是我們的直系先祖。

很久以來，考古學界都認為這個此消彼長的過程，是由於尼安德塔人在智力方面不如智人，在生存競爭中吃了大虧。比如，我們的祖先留下了許多洞穴壁畫、骨頭和象牙製造的工藝品，以及粗糙的原始符號，這些尼安德塔人都不會做。另外，進入新石器時代以後的智人，能夠批量製造新式石刀，這也讓他們在競爭中占據了優勢。

但是，英國埃克塞特大學的考古學家對此持有異議。他們找來尼安德塔人的石刀，以及同時代智人祖先製造的石刀，研究製作這兩種石刀分別所消耗的時間、它們在切割時的效率，以及石刀磨損的時間。結果發現兩者各有千秋，並沒有哪一種占據優勢。

劍橋大學考古學院的考古學家米勒斯爵士認為，尼安德塔人滅絕的主要原因是人口稀少。在兩者混居的地方，尼安

德塔人只有智人數量的十分之一，更不用說智人還有非洲大陸這個後方大本營。人數更大的族群，必然會進化出複雜的社會組織，尼安德塔人不具備這個優勢。

即使是當時的智人，總量也不過幾十萬。有的科學家使用基因分析技術推測，尼安德塔人的總量可能還不到一萬。即使人類進入文明時代後，也經常有上萬人集體滅亡於某場災難的紀錄，何況更為貧困的史前時代。

有的學者則認為，尼安德塔人並不算完全滅絕，除了非洲人，其他各種族的人多少都帶著一些尼安德塔人的基因，說明他們與我們的祖先已經混血融合。據統計，三分之一的歐洲女性從尼安德塔人那裡繼承了孕酮受體基因，能減少流產，提高生育率，這意味著尼安德塔人的某些優良基因，也為當今人類所繼承。

西元 2010 年以後，由於出現大量的基因證據，科學界開始把尼安德塔人當成智人的一個已經滅絕的亞種。他們也成了我們當中的一員。

除了這些考古學結論外，讀者還需要注意一下這所埃克塞特大學。它是目前全球唯一授予「實驗考古學」學位的地方，這門學科不光依靠挖掘古蹟，還要複製古人類的各種工具，乃至他們的房屋和村落。

在很長的時間裡，古人類學家找到歷史遺存後，僅靠猜測來還原當時的情境。實驗考古學則要求模擬古人類的生

產和生活方式，這很像犯罪偵查中的現場還原，只有親手製作實物，或者親手使用實物，才能深入理解古人類的生存狀況。

07 基因裡能發現未知人種

西元 1856 年，德國尼安德山谷出土了原始人的頭蓋骨和其他骨骼，考古學界從此出現「尼安德塔人」這個名稱。

西元 1924 年，南非約翰尼斯堡附近採石場中，找到一個小孩的頭骨，從此有了「南方古猿」的大名。

西元 1929 年，北京周口店龍骨山上的考古發現，讓世人從此認識了「北京人」。

看來，歷史長河中存在著哪些人類的祖先或者近親，完全要靠化石發現，如果尚未發現，它們就隱蔽在歷史的迷霧當中。許多情況下，人們發現了歷史遺存，卻未能找到它們的主人。

古人類的數量和現在的猩猩差不多，要在茫茫大地上找到他們的化石，很大程度上得靠運氣。不過現在有了一種新方法，從我們身上就能找到遠古的未知人種，那就是基因技術。透過這種基因技術，古人類學家已經找到了尼安德特人與丹尼索瓦人的基因，那麼，也可以期待找到某個完全未知人種的基因。

西元 2014 年，丹麥哥本哈根大學地理遺傳學中心領導國

際團隊，研究一具從俄羅斯科斯捷尼基地區挖掘出來的古人類遺骸，透過 DNA 上某個基因組的分析，他們發現了一個存在於 3.6 萬年前的未知人種。他們與現代人的祖先有過短暫接觸，後來徹底消失。科學家分析這段基因後還判斷，他們並不是尼安德塔人。

透過對斯捷尼基基因組的研究，學者們認為這個未知人種的基因，與今天的中東人相近。他們在與歐亞人種接觸後，一直獨立於所有其他人種，此後也再沒有與現代人混血，直到徹底消失在歷史的長河之中。

西元 2019 年，澳洲阿德萊德大學的研究人員，也透過基因組分析，發現了東南亞地區的兩個未知人種。他們似乎在幾十萬年前就到達了這裡，並且獨立進化。那時候海平面要低得多，東南亞很多島嶼和陸地相連，古人類不用駕船就能到達。

基因分析表明，現代人的祖先走出非洲後，曾經在南亞與某個未知人種混血。後來，現代人又在東亞和東南亞地區，和另一個未知人種混血。每一次接觸，都導致當地那個古老人種的迅速消失。

美國加利福尼亞大學的杜爾瓦蘇拉，找到了更早的「幽靈人種」。他們存在於 60 萬年前的西非，與我們的祖先有過雜交，這比尼安德塔人的出現還早得多。今天，所有人類身上都帶有他們滲入的基因片段。

由於至今都沒有找到這些未知人種的化石，或者他們留下的遺跡，所有證據都來自基因分析，對於傳統考古學家來說，這簡直是異想天開。只有當代基因技術被考古學吸收後，才能產生這類新成果。

08「新大陸」曾經多次被發現

「哥倫布發現了新大陸。」

這個習慣說法並不準確。第一批歐洲人到達美洲時，那裡就住著大批印第安人。問題來了，他們是什麼時候到達美洲的？

西元 1936 年，美國考古學家在新墨西哥州克洛維斯鎮，發現了大量古代石器，檢驗後認定為距今不超過 1.2 萬年的遺跡。據推測，當時有一小批東北亞的黃種人，沿白令陸橋踏上美洲，然後南下，他們被考古學界稱為克羅維斯人。

在我上學時的教材上，這就是人類進入美洲的時間。後來，考古學家又在智利蒙特貝爾德遺址發現了 1.4 萬年前的石器。這可是在遙遠的南美洲，當地人的祖先只能來自北美。所以，人類從北極圈進入美洲的時間，至少得上溯到 1.5 萬年前左右，這是目前考古學界的主流觀點。

然而這還不夠早，隨著 DNA 等技術運用於考古學，人類到達美洲的時間，有可能要上溯到 3 萬年前！考古學家已經在奧勒岡州佩斯利山洞的糞便化石中，提取到古人類的

DNA 樣本，經過比對，他們並不是現在美洲人的直系先祖。考古學家推測，在克洛維斯人到達美洲之前，已經有古人類踏上這片土地。

最近，墨西哥薩卡特卡斯自治大學的專家，在當地奇基韋特洞穴進行挖掘，找到了 3 萬年前的石器。如果得到充分檢驗，人類進入美洲的時間會大大提前。甚至已經有人推測，最早於 10 萬年前，就有人類進入美洲。

不過，當年教材上有一點不用修改。透過 DNA 比對，印第安人都是克洛維斯人的後裔。也就是說，先前那些新大陸的發現者全部都滅絕了，沒有留下後代，滅絕的原因可能就是人口太少。白令陸橋十分寒冷，東北亞人從那裡走到美洲，不會是大部隊行動，最多幾個部落，百十個人而已，各種天災都可以讓他們中途滅亡。

另一個原因是技術落後，3 萬年前的古人類只有舊石器，而克洛維斯人進入美洲前，就掌握了新石器技術。他們能製造石矛和骨刀，在沒有大型貓科動物的美洲，這些技術足以立足。

即使在印第安人定居美洲後，哥倫布到達前，世界其他地方的人也曾經到過美洲，已經基本確認的是維京人，著名的北歐海盜。西元 982 年，維京人埃里克登上格陵蘭島。這個地方雖然在今天屬於歐洲的丹麥，但在地理上已經屬於美洲。西元 1000 年左右，維京人到達加拿大拉布拉多半島，並

且建立定居點，一直存在到西元 12 世紀才消失。

　　維京人能夠成功抵達這裡，航海技術是一方面。另一方面，他們沿著法羅群島、冰島、格陵蘭島一路「跳」到美洲，每段路程只有 400 海里（1 海里＝ 1.852 公里），比哥倫布一口氣走 6,000 公里要短得多。不過維京人沒有文字記載這件事，反而要別人考證才能被證實。

　　西元 1761 年，法國漢學家德契尼發表了《中國人沿美洲海岸航行及住居亞洲極東部的幾個民族的研究》，認為中國傳說中的扶桑國就是墨西哥。不過，這類觀點並沒有得到考古學界的認可。

　　無論如何，一次次遠征美洲，印證了人類的探險精神萬古長存。

09 不僅北上，也曾南下

　　人類發源於東非，也就是現在的肯亞、衣索比亞一帶，後來，人類走出非洲，散布到全球。這是有關人類起源過程的標準說法。

　　不過，打開世界地圖你會發現，人類起源處位於赤道附近的非洲大陸。倘若當時的古人類要尋找新家園，南下豈不是更方便？北上的話，古人類只能透過紅海地區才能走到其他大洲；要是南下，他們只需要順著寬闊的非洲大陸往南走。

　　為什麼很少聽到古人類南下的消息？一個原因是非洲南

邊是海洋，古人類走到那裡只能停下來，很難開枝散葉。還有一個原因，就是了解古人類生存狀況必須依靠考古學，這需要一定的科學研究基礎和經濟實力，而在東非南邊，大部分國家都處於開發中水準，溫飽尚未解決，更談不上組織考古力量。所以，只有一個國家能提供古人類南下的證據，那就是南非。

西元 2015 年，南非發現了「智人之星」化石，經考證大概產生於 300 萬年前，與著名的「南方古猿」同時代。約 7.35 萬年前，位於現在印尼的多巴超級火山爆發，讓北半球長期籠罩在塵埃之中。氣溫驟降，食物匱乏，當時已經散布到各洲的智人因此數量大減。西元 2018 年，考古學家在南非的海角平納克角，發現了一處古人類遺址，從中找到了這次火山爆發形成的微型黑曜岩碎屑，可以證明該遺址存在於火山爆發的同時代。

然而，這處遺址並未因此被遺棄。它距離多巴火山有 9,000 公里遠，並且位於海邊，火山並未影響當地人的食物來源。

另一個考古發掘證明，南非原始人在 4.2 萬年前，已經能製造箭頭和木鏟，技術水準不低於世界其他地方。

東非的古人類北上後，逐漸形成了世界各民族。南下的這些人是否是當地黑人的祖先呢？考古學家認為，只有桑人是他們的後代。到達非洲南部 10 萬年來，桑人代代繁衍，可

以算是現存最古老的民族。而非洲南部的其他黑人，則與我們的親緣更近，是後來才南下的。

　　基因研究表明，10萬年前，桑人曾經是最大的人類集體，當然，那時整個人類也沒多少人。如今，他們生活在波札那、納米比亞和南非境內，黑人領袖曼德拉身上就有桑人的血統。不過，這個最古老的部落，現在多為當地社會的下層民眾。

　　古人類南下歷史資料的缺乏，體現了考古學的一個特點，即考古學與經濟發展密不可分，考古學家並沒有錢在國土上到處開挖。若是一個國家正在大興土木，就會經常挖到古蹟，並請考古學家到現場勘察。像中國的北京王府井這樣的城市中心地帶，當年在修建東方廣場時，就曾經挖到過古人類遺跡。著名的中國成都金沙遺址，也是在一個房地產開發工地上出土的。

　　由於考古學發端於歐洲，那裡經濟發達，很早就出土了大量古人類化石，歐洲於是被認為是人類誕生地。直到1930年代以後，不斷有更早的古人類化石出土，人類誕生地才定位在非洲。可見經濟對於考古學有多重要。肯定還有很多古人類的遺跡埋沒在窮鄉僻壤之間，等待後人挖掘。

10 人類進化越來越快

生命進化出人類這個碩果以後，進化還會繼續進行嗎？很多人傾向於否定的答案。

生物進化就是用身體形狀的變化，去適應環境的變化，而人類能用技術解決問題。我們會在寒冷的地方裝上供暖設備，而不需要身體朝北極熊的方向進化；我們會用雷達觀察遠方，而無須進化出鳥類的超聲波感知能力。

生物進化需要淘汰老弱病殘，來提升族群的基因優勢，而人類自建立起文明，就提倡治療病患，扶助弱小。文明越強大，越有充裕的物資幫助老弱病殘，如此便會削弱進化的作用。

然而，美國猶他大學人類學教授亨利‧哈彭丁，卻從另外的角度判斷，人類恰恰在加速進化。他的團隊從中國、日本和非洲找到 270 個人，從這個樣本中提取到 390 萬種單核苷多態性。結果表明，人類有 7% 的基因正在加速變化。

亨利‧哈彭丁指出，人類自從在 4 萬年前分散開來後，進化便開始加速，特別是最近 5,000 年，人類進化速度可能是過去的 100 倍！

其實，人類加速進化並不奇怪，主要原因就是隨著人口增加，基因變異的可能性也在增加。每個新生兒都由父母的基因混雜而成，多出生一個嬰兒，人類基因就多一分變異的可能性。今天，世界上生活著 70 億人。而在 10 萬年前，人

類總數還不到 100 萬，更早的時代裡，人類總數經常只有幾十萬。

所以，古人類必須繁殖很多代，才能累積出今天一代人產生的變異總量。而且原始人社區非常小，經常近親交配，這些都會導致進化緩慢。以尼安德塔人為例，形成這個人種就用了 70 萬年時間。

現代人在交通和通訊技術的幫助下，經常跨越幾百甚至上千公里婚配，後代產生的變異越來越豐富。那麼，進化的加速會不會拉大人類社會的差距，最終像威爾斯（H. G. Wells）在科幻小說《時間機器》（*The Time Machine*）裡設想的那樣，人類產生兩個完全隔離的物種？或者會誕生出刀槍不入、能夠噴火的「X-man」？

科學家認為，進化加速並不會使人類形成完全不同的幾個族群。工業革命前，人類分地居住，往來遠不如今天頻繁，所以不同種族的差異才很明顯。工業革命啟動了全球化進程，各色人種逐漸混居。如今的棕色皮膚，就是黑、白、黃種人混血後的膚色。有些人類學家推測，今天的混血兒就是數百年後人類的主體。

不少學者的研究表明，與身體加速變化相反，人類文明正在走向融合。美國杜克大學生物多樣性專家皮姆就指出，由於全球化加速了聚合，未來幾十年內，全球 6,500 種語言會減少到 600 多種。

美國密西根州立大學分子遺傳學專家阿達米教授，用電腦類比了自私與合作兩種行為模式。經過幾萬種場景的類比後，發現合作模式在成功率上遠大於自私模式。他認為，自然選擇會讓自私自利的人被淘汰，傾向合作的人會獲得進化優勢。

身體在變化，而文化在融合，這兩個過程並不矛盾。未來的人類會更有個性，也會更緊密地生活在一起，形成多元融合的社會。

11 原始人比我們吃得好

一般認為，原始人過著茹毛飲血的生活，營養肯定比我們差。但事實可能並非如此。

雖然亞洲人普遍比白人矮小，然而在黑暗的中世紀，歐洲白人個子並不高。現在亞洲人的身高、體重都在不斷上升；黑人也是如此，美國黑人明顯比非洲的遠房親戚要高大魁梧。

然而，人類不可能因為營養條件改善，一兩代人的身高就有明顯變化，所以，更大的可能是，我們只是恢復了農耕文明之前古人類的身高。這點已經被考古學成果所證明。

我們的祖先現代人產生於四五萬年前。與更早的早期智人和直立人相比，現代人個子很高。中國出土的一具現代人骨骼甚至達到 190 公分。

現代人剛出現時，和前輩一樣過著採集和狩獵的生活。

他們的人均資源相當多，每20平方公里才供養一個人，可以說是要吃有吃，要喝有喝。

早期智人只能吃塊莖，現代人已經能加工不少種子和堅果。他們不定居，主動隨季節和獵物遷移，能吃到很多地方的食物，營養更為均衡。不像後來的農民被困在一個地方，只能吃少數幾種食物，災年到了還要逃荒。

考古學家統計過，美洲克洛維斯人的食物至少有125種。以色列巴伊蘭大學的學者，來到位於該國的古人類遺址，研究當地的植物遺存，發現古人類至少食用55種植物。在加利利地區的一個洞穴裡，研究人員發現了3頭牛和71隻烏龜的骨骸，牠們被埋在一起。人們推測這是某次「流水席」的遺跡，應該是附近幾個部落一起聚會，享受美食。

當然，今天我們在超市裡能看到更多的植物類食品，可是在漫長的小農時代，農民被封閉在一小塊土地上，吃不到這麼豐富的食物。

古人類專家分析末期原始人的骨骸，證明他們每天攝入3,000多大卡熱量，身高也確實超過之後的農民。這些都說明，人類進入農耕時代，相當於經歷了長達1萬多年的普遍營養不良，到了最近幾代人，才釋放出基因中的生長潛力。

除了沒有鹽，原始人的營養不比我們差。現在，有些營養專家提倡「原始人食譜」，意思就是多樣化、少加工，既保證營養的充分攝入，又能減少「富貴病」的發生。

　　原始人不僅營養有保證，而且不辛苦，每天只需要勞動 3 個小時。這種優裕閒散的生活，被記載於伊甸園之類的傳說中。那麼問題來了，這麼優裕的生活，原始人為什麼要放棄？

　　最大的原因就是人口暴增。農耕開始時，全球總人口約 1,500 萬，工業革命前增長到 10 億。單位面積土地的供養壓力在 1 萬年間一直在緩慢增加，能住人的地方也都住了人。古人不得不在土裡刨食，週期性饑荒、地方病、營養不良等問題，也從此與人類如影隨形。

第四章
物理新概念

　　物理學是現代科學的基礎，許多基本物理規律被運用到其他學科中，去解釋更複雜的現象。這些基本規律也締造出現代人的世界觀。我們不再相信有鬼神存在，不再接受風水和巫術，很大程度是因為有了物理學。

　　不過，有些基本的物理定律正在接受挑戰，它們往往來自模型或者推算，尚未被驗證。所以，我把這章稱為物理新概念。

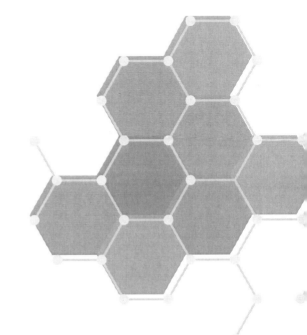

01 宇宙可能無起點

西元 1948 年，伽莫夫（George Gamow）提出大爆炸宇宙學，認為宇宙誕生於一個無限小的奇點。30 多年後我進入學校讀書，那時大爆炸宇宙學還被稱為偽科學。當時西方科學界一開始都沒有接受它，原因是這一理論太像《聖經》中的創世論。

那麼，西元 1948 年之前，科學界是怎樣看待宇宙的呢？他們認為宇宙無邊無際，無始無終，過去什麼樣，以後也是什麼樣。愛因斯坦就支持這種宇宙觀，這也是我正式學習的宇宙觀。不過沒幾年，在我的印象裡就在 1980 年代，大爆炸宇宙學已經成為天文、物理等專業的基礎理論。

而就在這幾十年間，大爆炸宇宙學本身也在發生變化。

最初，科學家認為大爆炸之後會發生大坍縮。如果引爆一顆炸彈，最初的膨脹速度最大，物質會被拋射出去，在重力的作用下又慢慢落下。宇宙也是這樣，膨脹到一定程度便會坍縮，最後重新恢復為一個奇點，然後又開始下一次爆炸。

香港作家黃易就是在這種宇宙觀指導下，創作出科幻小說《星際浪子》的。小說中，兩名外星人試圖躲過宇宙大坍縮，活著進入下一次大爆炸。

不過，隨著新的天文觀測結果不斷出現，人們意識到宇宙並不像一顆炸彈，反而在加速膨脹。最近 20 年，宇宙學家

傾向於認為大坍縮不會發生，宇宙間的物質會變得越來越稀薄，所有天體甚至所有生命都將不復存在。

同樣在西元 1948 年，幾名英國科學家把傳統的宇宙觀加工成穩恆態宇宙學，它的基本觀點就是萬世不變。雖然他們也承認有天體演化，但在大尺度上，宇宙間的物質是均勻的，它既沒有起點，也不會有終點。

不過，當時哈勃觀測到的紅移現象，已經被科學界承認。怎麼調和這理論和現實的矛盾呢？穩恆態宇宙學認為，宇宙中會憑空產生物質，這樣，不管宇宙怎麼膨脹，物質密度仍然和以前一樣。由於這違反了物質守恆定律，難以獲得科學界支持。

兩種宇宙觀的交鋒並未結束，按照大爆炸宇宙學的設想，奇點能違反一切物理規律，本身又不知從何而來，這也是大爆炸宇宙學的缺陷。提出穩恆態宇宙學的霍伊爾（Fred Hoyle）於西元 2001 年去世，在前一年他還寫了本書，歷數大爆炸宇宙學的缺陷。

西元 2015 年，埃及科學家阿里和加拿大科學家戴斯，在《物理快報》上發表聯名文章，試圖重新發展穩恆態宇宙學。他們認為，宇宙中到處都是量子流可以作為引力介質。用量子流對現有宇宙理論進行修正後，會得出宇宙大小有限而年齡無限的模型，並且，這種模式也能解釋大部分天文觀測的結果。

　　之所以要向讀者介紹這些充滿爭議的宇宙理論模型，是希望大家了解，科學中許多理論目前還是假說，它們能解釋一部分觀測事實，卻難以解釋另一部分，都有待於完善和提高。

　　甚至，科學界也像文學界那樣，這段時間流行這個流派，過一段時間又流行起另一個流派。不過，科學也正是在這樣不斷的觀點交鋒中向前發展的。

02 物理定律可能並非宇宙通用

　　自然規律在宇宙中是普遍存在的，在哪裡都一樣，哪裡的冰都會在零度融化，光在真空中的速度處處都一致。然而總有科學觀測表明，某些自然規律在宇宙各處可能並不一致，電磁耦合常數就是一例。

　　電磁耦合常數是兩個帶電微粒之間電磁作用的大小，用 α 來表示。它對生命有著重要意義。如果 α 值偏離現在的數值 4%，宇宙中就不會產生碳元素和氧元素，當然也就不會有生命，更不會有我們。

　　天文學家透過望遠鏡，光譜測量遙遠的類星體，從而推算 α 值的變化。以前，重要的天文臺都設在北半球，所以天文學家進行這項工作時，主要觀測北天球。最初，科學家認為在整個宇宙中，α 值處處都一樣。觀測結果表明，類星體離地球越遠，α 值就越小。

在宇宙尺度上，距離越遠，意味著時間越古老，於是科學家便認為，α 值正在隨著時間流逝而增加。

後來，科學家在智利使用南方天文臺的 8 米口徑望遠鏡進行同樣的觀測，卻發現南天球的 α 值正隨著時間在變小。當然，無論變大還是變小，變化的幅度只有十萬分之一，但即使如此微小的差別，也足夠挑戰自然規律全宇宙通用的原則。

對此，科學家的第一反應就是進行核實，看是不是發生了觀測錯誤，或者有外來干擾。把這些因素都排除後，科學家發現，南北兩個天球的 α 值變化仍然有差別。

當然，這並非意味著今後就得用兩種 α 值來研究整個宇宙。一旦發現某個科學定理出現偏差，科學家馬上想到的是，有沒有更基本的規律在產生作用。

宇宙微波背影輻射就是一個例子。西元 1964 年，天文學家觀測到這種輻射。當時觀測技術水準很低，資料粗糙，宇宙微波背景輻射被看成各向同性，也就是從任何方向接收到的輻射強度都一樣。隨著觀測水準提高，科學家逐漸從一成不變的背景輻射中發現了差異。差異同樣很小，僅十萬分之一左右，但足夠科學家從整個宇宙中找到一種環狀結構。

科學家彭羅斯等人認為，它們是黑洞碰撞留下的痕跡，並且，這種碰撞發生在宇宙大爆炸之前，很有可能來自上一個宇宙世代。於是，新的理論就解釋了宇宙微波背景輻射的

差異現象。南北天球電磁耦合常數的差異可能也是如此，只是科學家還沒有發現其背後的規律。

在天文學上，南北天球平分整個宇宙。一個物理規律在這麼大範圍內出現異常，確實很罕見。不過，物理規律經常會在宇宙的某些局部區域出現反常，這種局部區域便是黑洞，按照相對論推導，在那裡，一切自然規律都將失效。

當恆星能源消耗殆盡時，會爆發並坍縮，質量不大的恆星會坍縮成白矮星，質量更大的會坍縮成中子星。它們的物理性質十分特殊，密度大到難以想像的地步，可是物理定律在那裡仍然有效。黑洞則不同，與其說它是天體，不如說是異常空間，物理規律在那裡都會失效。

03 宇宙中可能有第五種力

在今天的教材中，宇宙間存在四種作用力，分別是電磁力、萬有引力、強核力和弱核力。不過，這個名單於西元 1947 年才形成，在那一年，科學家發現了 π 介子，它能與核子產生強相互作用，把它們聚為原子核。

接下來會不會發現第五種力？很多科學家受到發現第四種力的激勵，開始動這個心思。1980 年代，美國麻省理工學院的物理學家就宣布，他們已經發現了第五種力，並且將其命名為「超荷電力」。這種力只在幾公尺到幾千公尺範圍內產生作用，所以在宇宙尺度上檢測不出來，它的作用是抵消

一部分引力。

同學們都知道比薩斜塔實驗。若是從同樣高度同時拋下重量相同的鐵和棉花，後者受空氣浮力的影響較大，落地較晚。如果在真空裡做這個實驗，由於沒有浮力，兩者便會同時落地。

然而這些物理學家的實驗卻表明，鐵和棉花在真空中的落地時間總會有微小的差異。這用傳統力學理論無法解釋，只能假設還存在著一種抵消引力的力。不過，後來各國科學家反覆實驗，都無法複製他們的結果。

學者徐衡提出，第五種力可能就是旋轉力。在物理學上，人們都用引力來解釋天體圍繞某個質心公轉的現象，然而，法國科學家阿勒和美國哈佛大學的薩克斯爾分別發現，天體公轉規律中存在著微小的引力異常。他們沒有解釋這些引力異常的原因，徐衡則認為，可以假設存在一種旋轉力，正是它產生了這些不能完全用引力定律解釋的現象。

西元 1998 年，天文學家透過研究 Ia 超新星，提出「暗能量」的概念。於是有人推測，暗能量就是第五種力，它是與引力相反的斥力，其作用就是讓各種天體彼此分離。這個假說認為，在宇宙大爆炸早期，引力總體上大於斥力，後者現在卻占了上風，所以宇宙才會加速膨脹。不過，暗能量直到今天仍然沒有被觀測到。

西元 2015 年，從匈牙利科學院又傳來了有關第五種力的

新消息。該院的核子物理研究所團隊設計實驗，要尋找「暗光子」。他們在鋰樣品中發現了一種新粒子，質量是質子的五十分之一，可能是一種攜帶新力的粒子。

對於匈牙利科學家的報告，很多人的第一反應就是他們的儀器出了問題，結果在西元 2019 年，匈牙利科學家的新實驗仍然取得了同樣的結果。科學界開始正視他們的發現，這有可能是距離相當短並且非常微弱的力，所以一直未被發現，最大膽的假說認為，第五種力就隱伏在前四種力的背後，書本上的四種力，都只是這個根本作用力的特定表現形式。這樣一來，第五種力堪稱原力。

如此重大的根本問題，可能幾十年都不會有結果，幾代物理學家都會為此絞盡腦汁。

04 平行宇宙可能存在

翻開科幻小說，經常會看到以「平行宇宙」為背景的故事。它僅僅是虛構，還是科學家嚴肅討論的話題？當然是後者，這種物理概念如果不是由科學家率先提出，小說家很難想像出來。

物理學家關於平行宇宙的最早設想，來源於雙縫干涉實驗。電子本身具有波粒二象性，既是粒子，又以波動方式前進。物理學家用電子槍發射電子，同時在前面放上有兩條縫的擋板。由於電子有波動性，會同時穿過這兩條縫，在螢幕

上生成衍射條紋。

西元 1961 年，德國圖賓根大學的約恩松，完成了電子雙縫干涉實驗。然而，他用顯微鏡對準這兩條縫進行觀測時，卻發現電子只穿越了其中一條，不再具有波動性，只具有粒子性。於是就產生了疑問，難道人類的觀測方式不同，會改變電子本身的運動規律？

物理學家使用「哥本哈根詮釋」來說明這個現象。他們認為，微觀物體在不被觀測時呈不確定狀態，一旦被觀測，就會坍縮成某個固定狀態。現在，這仍然是物理學教材上的主流理論，但卻不那麼令人信服。

西元 1957 年，美國普林斯頓大學的研究生埃弗雷特，對這個實驗提出了平行宇宙的解釋。觀察者和電子一樣，也是一道波，恰好其中某個位置上的觀察者，觀察到電子通過某條縫隙。這樣一來，就要承認世界上存在無數個觀察者，聽起來比「哥本哈根詮釋」更離譜。當然，我這裡只是通俗的介紹，這兩種理論都以複雜的數學計算為基礎，恰恰是這些數學模式吸引了物理學家。

平行宇宙論的另一個來源是弦論。我們知道，相對論和量子力學是 20 世紀物理學的兩大發現，但它們之間在許多觀點上並不吻合。物理學家一直在尋找某種更基本的理論，能將它們統一起來，最後發現，要是假定宇宙存在著 11 維，這兩個理論就完全吻合了。

　　新理論認為，宇宙可能有 11 維，不過人類目前只能觀測到其中的 3 維，其他 8 個維度十分細小，比原子的直徑還小千萬倍，使用目前的科學儀器還無法觀測到它們。所以，高維空間理論屬於純粹的紙上談兵。

　　還有一個平行宇宙理論，認為它就在我們這個宇宙的外面。這倒是比較符合常識，因為很難想像我們的宇宙之外會一無所有。在科幻片《MIB 星際戰警》的第一集當中，各路人馬尋找的法寶，就是一個封閉在項圈中的微型宇宙，而我們這個宇宙也包裹在一個巨大的彈球裡。這就是無限宇宙的圖景。

　　不過，據目前的天文觀測結果來看，我們這個宇宙直徑有 900 億光年，而按照大爆炸宇宙學理論，宇宙的壽命只有 138 億年，這意味著我們宇宙的膨脹速度超越了光速。宇宙邊界上發生了什麼，人類永遠無法觀測到，所以，這種平行宇宙理論也無法證實。

　　儘管平行宇宙理論聽起來更像科幻小說，不過最近的統計表明，越來越多的物理學家傾向於接受平行宇宙的存在。或許我們有生之年，又會看到宇宙基本理論被改寫的那一天。

05 光速或許沒那麼快

　　當代物理學中，光速是個極其重要的常量，以小寫字母「c」來表示，在物理學公式中到處可見。相對論主要就是研究物體接近光速時的運動規律，對時間和空間的測量都以光

速為基礎。甚至我們日常使用的距離單位「公尺」，現在都被定義為「光在真空中，在 1/299792458 秒的時間間隔內運行距離的長度」。

如果目前所測量的光速並不準確，就意味著很多物理學結論都要推倒重來。然而，光速可能真的沒有測準。

對光速這個常量提出質疑的人，是美國馬里蘭大學的物理學家弗蘭森。而引發他質疑的現象，則是超新星 SN 1987A 的爆發。這顆超新星爆發於西元 1987 年 2 月 24 日，是 300 多年來人類觀測到的最亮的超新星。當時，天文學家同時觀測到來自 SN 1987A 的光子和中微子。理論上講，中微子和光子在真空中的傳播速度完全相同，應該同時到達地球，然而在實際觀測時，光子卻比預期晚到 4.7 個小時。

SN 1987A 遠在 16.8 萬光年之外，它的光線要經過 16.8 萬年才到達地球，相比之下，4.7 個小時堪稱毫釐之差。然而，現代科學不能容許這麼小的差異。對此現象，科學界的解釋是觀測可能有誤，那些光子來自比 SN 1987A 還要遠 4.7 個光時的地方。

弗蘭森卻認為它們就來自於 SN 1987A 本身，而通用的光速也沒有問題，但是光子在漫長的旅程中會發生「真空極化」現象。飛行中的光子會變成一個電子和一個正電子，它們很快又聚合成另一個光子，然後又分開，又聚合，反覆不停，直到被人類接收到。

　　光子的靜止質量是 0，而電子則有質量。光子一旦分化成電子和正電子，沿途各種天體的引力就會對它們發生作用。這種作用極其微小，並且電子和正電子再聚合成光子後就消失了，可是是一路上反覆地分分合合，已經足夠讓光速變慢。

　　在宇宙尺度上，16.8 萬光年就像是鄰居那麼近，要是光速真有問題，那些幾千萬或者幾億光年的距離就會錯得十分離譜。以大熊星座的 M81 星系為例，按照現在的光速常數，它距離地球有 1,200 萬光年，如果按照弗蘭森的理論，中間會有兩週的差距，相當於 2,500 多個天文單位那麼遠。要知道，冥王星離太陽最遠也就是 49 個天文單位。

　　倘若弗蘭森的推測得到印證，現在各種版本的物理學教材可能都要重新修訂，都是那個「c」惹的禍。

　　準確地說，這裡的光速指真空中的光速，光在各種介質裡的傳播速度有明顯不同。太陽是一團高溫等離子雲，從太陽核心發出的光要經過幾百萬年才能穿透它，到達太陽表面。接下來，陽光只用 8 分半鐘就能穿越 1.5 億公里的真空，來到地球。

　　前幾年，美國科學家用低溫原子雲為介質，成功地將光速降到每秒 17 公尺，和我們騎自行車的速度差不多。

06 「暗世界」可能不存在

在我當年讀書時，教材上的宇宙簡單明瞭，並沒有神祕的「暗物質」和「暗能量」。今天，如果你不知道這兩個概念，別人會認為不值得和你討論物理問題。不過，也許在不遠的將來，它們又會從學術界消失，目前已經有科學家在質疑，這兩者究竟是否存在。

從西元 1922 年開始，天文學家陸續觀測到一些違反引力規律的異常現象。他們認為引力規律並沒有變，而是有些產生引力的物質，我們用儀器觀測不到，這些物質就被統稱為暗物質。

傳統意義上的物質都與電磁波相互作用，它們不是發出電磁波，就是吸收或者反射周圍的電磁波。可見光、紅外線、紫外線、X 射線或者伽馬射線都屬於電磁波，透過它們，人類就能觀測到遙遠的物質。

但是，理論上的暗物質完全透明，任何一種電磁波都會完全穿透它。結果，人類現有儀器就無法發現它們，只能透過大尺度空間中的引力變化，間接推導出它們的存在。

不過，荷蘭理論物理學家韋爾蘭德（Erik Verlinde）卻認為，量子糾纏可以讓引力規律，在某個臨界點上發生變化，這樣就能解釋各種引力異常的現象，完全不需要提出暗物質這個理論補丁。這個臨界點非常小，大概是地球重力的千億分之一，可是放到宇宙尺度上就足夠巨大。後來，荷蘭

天文學家們分析了 3 萬多個星系的觀測資料，初步確認韋爾蘭德假說的正確性。

紐西蘭坎特伯雷大學的威爾特謝爾博士則向前邁進一步，認為暗能量也可能不存在。

一顆炸彈在地面上爆炸，物質從爆心散開，在重力作用下會逐漸減速，最終都落回地面。然而在西元 1998 年，來自不同國家的天文學家研究 Ia 超新星時，發現它們都在加速遠離地球。這意味著宇宙大爆炸有別於炸彈爆炸，有某種神祕力量在抵消引力，讓「氣浪」不斷加速擴張。

科學家假設有某種未知能量導致了這種現象，它和暗物質一樣，也是用現有儀器無法探測到的，所以統稱其為「暗能量」。威爾特謝爾博士則認為，只要假定宇宙中物質的分布並不均衡，就能解釋這些現象，不用製造出暗能量的概念。

哥本哈根大學的尼爾斯則認為，西元 1998 年的那次研究，只分析了 70 個 Ia 超新星，他們分析了超過 740 個 Ia 超新星，發現宇宙加速膨脹這個現象，本身都可能是錯誤的，既然宇宙並沒有加速膨脹，更沒有必要考慮什麼暗能量。

若是暗物質和暗能量都不存在，世界就又恢復成以前那個樣子了，僅由物質和能量構成。

這些爭議會讓你看到科學理論的發展史。科學觀測總是越來越精確，在資料還沒有精確到一定程度時，經常需要假定出某個概念來解釋觀測中的誤差。像是古老的地心說體系

中，曾經有「本輪」和「均輪」兩個概念，用於解釋行星運動，哥白尼（Nicolaus Copernicus）建立日心說以後，就完全不需要它們了。

現在，科學家仍未觀測到暗物質和暗能量。它們究竟是真實的客觀存在，或者只是一時的科學理論補丁，希望你能來一起尋找答案。

▌07 水的性質並不簡單

水是無色無味的透明液體，熔點為 0℃，沸點為 100℃……

這些關於水的常識，想必大家很小就知道，我們在現實中看到的水也符合這些描述。不過，科學家會在古怪的環境裡，發現不符合上述規律的水。

當水結冰時，需要圍繞一個微小雜質來形成結晶，這個雜質就成為冰核。自然界裡的水無論看上去多麼純淨，都不缺乏雜質，然而實驗室裡卻可以製造出非常純淨的水，讓它遲遲不能結冰。到目前為止，實驗室裡已經製造出 -41℃的超冷水。另外，氣象學家也在高空雲層中發現了 -40℃的液態水。

溫度更低的超冷水，在實驗室中已經很難製取，美國猶他大學的莫利內羅和莫爾轉而用電腦進行模擬。他們的結論是，即使完全沒有雜質，水也會在 -48℃結冰，這時，水會處於既像冰又不是冰的狀態，稱為「中間冰」。

倘若溫度更低，水可能會形成沒有冰核的非結晶冰。奧地利因斯布魯克大學的呂爾廷教授便在實驗室條件下，創造出在 -157℃的超低溫環境下，仍然能夠流動的冰。

一般的冰都是晶體，不過在某些極端條件下，水在超低溫環境裡雖然也能變成固態，卻沒有晶體結構。這種非結晶冰比蜂蜜還黏稠，但仍然可以緩慢流動。

在地球上，只有在實驗室裡能讓水變成黏稠的物質，而這類環境在宇宙中未必不存在。這個實驗結果意味著，在天王星之類溫度相當低的天體上，封存在深處的水仍然可以流動，甚至能形成生命。

有水一樣的冰，也就有氣一樣的水。西元 2018 年，中國「科學」號科考船探索深海熱液區，就發現了超高溫氣態水。

由於深海處於高壓環境，海水氣化的溫度能夠提升到幾百攝氏度。從海底噴出的熱液與周圍的海水溫差很大，會形成閃閃發光的蘑菇形「倒置湖」。這些閃光物就是高溫水，由於溫差而形成的強烈的光反射層，使它們看起來像鏡面一樣平整。測量結果表明，「倒置湖」頂部的溫度能達到 383.3℃，這是中國科學家首次發現超高溫氣態水。

海底熱液會把海水變成氣體，然後上升。這些氣體假使遇到富含硫化物的海水，就會被倒扣在其下面，形成巨大的氣泡。

除了不按「常理」熔化和蒸發，水還可以帶有磁性。美

國伊利諾州西北大學的里士金教授研究了海水後認為，洋流才是產生地球磁場的原因，海水有鹽分，可以導電，巨大的洋流不停運轉，因此產生了電磁場。

　　而目前的主流觀點認為，地球有一個鐵鎳核心，由於它的自轉，才形成包裹地球的磁場。里士金的推論與此衝突，正在熱議當中。

第五章
天文新景觀

　　現代科學誕生於哥白尼的《天體運行論》。天文學是最早成熟的一門基礎科學。然而，天文學累積的知識越多，產生的新問題也就越多。今天，這門古老的學科仍然有相當多的空白，等待著人們去探索。

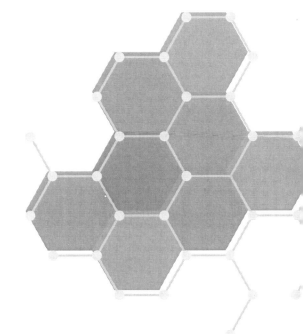

01 宇宙中存在「活化石」

想不想拿諾貝爾獎？想！但是，並非所有科學成果都能高攀這個獎，必須是具有劃時代意義的重要成就。在宇宙學領域，尋找第一代恆星便屬於這類課題。

按照大爆炸宇宙學理論推導，大爆炸發生兩億年後誕生了第一代恆星，天文學上稱為「星族Ⅲ」，它們只有氫和氦兩種元素。這代恆星壽終正寢時發生了爆炸，輕原子互相撞擊，形成重原子。在它們的灰燼中孕育出新一代恆星，後者再爆發，再聚集，反覆無窮，直到今天。

我們的太陽只有 45.7 億歲，和 137 億年的宇宙相比屬於小字輩，已經不知道是第幾代恆星了。反正太陽系裡連鈾這樣的重元素都有，可見以前經歷過反覆的爆發、聚集、再爆發。今天，「星族Ⅲ」已經很難尋覓，但如果找到的話，那就是諾貝爾獎級別的重大科學研究成果。

既然第二代恆星產生於第一代恆星的灰燼，其中必然包含前代恆星的某些資訊，所以，找不到「星族Ⅲ」，天文學家就尋找它們的直系後代。由於每次恆星死亡都會產生更多的重元素，所以，要是某顆恆星缺乏金屬元素，它的年代就足夠古老。

按照這樣的思路，天文學家開始尋找貧金屬星。雖然理論早就指明了方向，可這種恆星十分稀少，直到西元 2002 年，德國天文學家才在鳳凰座發現一顆巨星，金屬豐度只有

太陽的二十萬分之一，壽命高達 120 億年。西元 2005 年，天文學家又發現一顆恆星，金屬豐度只有太陽的二十五萬分之一，推測年齡為 132 億年，接近宇宙本身的年齡。不過，它們仍然不算「星族Ⅲ」。

西元 2014 年，日本國立天文臺宣布，他們找到了一顆第二代恆星。它位於鯨魚座方向，離地球 1,000 多光年，質量是太陽的一半。透過光譜分析發現，這顆恆星中的鐵含量只有太陽的三百分之一，碳含量低到只有太陽的千分之一，很可能是一顆二代星。

迄今為止，天文學家還沒有發現「星族Ⅲ」，不過超級電腦是個法寶，真實世界中難以觀測到的現象，可以先用電腦進行類比。1990 年代，美國伊利諾大學的超級計算應用中心，便開始模擬宇宙大爆炸後一段時間發生的事情，其中就包括「星族Ⅲ」的面貌。

電腦類比結果表明，「星族Ⅲ」的質量平均是太陽的幾十倍，表面溫度能達到 20 萬攝氏度，而太陽表面溫度才6,000 多攝氏度。「星族Ⅲ」既大又熱，其光度是太陽的上百萬倍，能烤熱附近大片的星雲。

由於體積巨大，這代恆星壽命普遍很短，爆炸後的物質能彌漫到方圓上千光年的廣闊空間裡。其中最大的一些恆星壽命只有數百萬年，並且不發生爆炸，而是直接坍縮為超級黑洞。

即使找不到「星族III」本身，我們周圍也到處瀰漫著它們的遺物。據分析，至少有千分之一的碳，產生於「星族III」的死亡爆炸，它們在一代代恆星的物質循環中保存到今天。

無論如何，「星族III」都會在未來吸引著天文學家，以及他們的各種望遠鏡。

02 半數恆星在流浪

「流浪行星」這個概念，是指那些不圍繞任何恆星公轉，獨自在宇宙空間運行的行星。天文學家估計，僅銀河系裡面的流浪行星就達到 4,000 億顆，是恆星總數的兩倍。

有流浪行星，就有流浪恆星，它是指不圍繞任何星系核心公轉的恆星。太陽圍繞著銀河系中心，每 2.5 億年公轉一周，它還有約 2,000 億個恆星兄弟，它們共同組成銀河系。離我們最近的星系是仙女座大星雲，兩個星系之間距離約 250 萬光年，在這片巨大的空間裡，就漂流著不少流浪恆星。

天文學家直到西元 1924 年，才測定出仙女座大星雲與地球之間的距離，並開始了解到宇宙中有無數個銀河系。從那時起，就有天文學家猜測，兩個銀河系之間並非完全是虛空，不過由於距離遙遠，只有成千上萬的恆星湊成某種結構，才能被觀測到。如果有單個恆星流浪在銀河系之間，由於光線暗弱，加上大氣層的阻礙，現有的常規觀測設備就無能為力了。

美國加州理工學院研製出的宇宙紅外線背景實驗衛星，可以拍攝到某片宇宙空間中的所有光源，天文學家再用電腦排除掉已知天體發出的光線，剩下的就來自未知天體。用這種排除法，宇宙紅外線背景實驗衛星一次可以拍攝到數百萬顆天體。

　　不過，這種衛星用探空火箭發射，不能進入地球軌道，而是在達到最高點後下落，最後掉落到海裡。西元 2014 年 6 月，美國 NASA 將其發射升空，在墜落前，宇宙紅外線背景實驗衛星對準星系之間的虛空拍攝了 7 分鐘。

　　排除掉已知天體後，照片上仍然有許多暗弱的星光。天文學家推測，它們極有可能就是流浪恆星，最近的一顆離地球「只有」6,000 光年遠。

　　天文學家估算這次探測的資料，認為宇宙中可能有多達一半的恆星流浪在銀河系之間。它們最初也誕生於某個銀河系，在兩個銀河系相撞時，它們被混亂的引力拖離本銀河系，從此開始流浪生涯。

　　再小的恆星，質量也有木星的幾十倍，一些流浪恆星的質量，很可能與太陽不相上下。這些龐大的流浪恆星有可能自帶行星，組成一個流浪的天體家族。如果在這些行星上誕生出智慧生命，它們在夜間看不到銀河，也幾乎看不到星星，宇宙對它們來說是漆黑一片。

　　除了神祕的暗物質和暗能量，就是宇宙間的「普通物質」。據計算，「普通物質」約占宇宙物質總量的 4%，暗物

質占 23％，暗能量占 68.3％。而在「普通物質」中，天文觀測只找到了其中的 2.5％。剩下的「普通物質」很有可能以流浪恆星為主。

可以預測，隨著天文觀測工具的日益強大，流浪恆星和流浪行星將會更多地進入人類視野，未來的宇宙圖景將更為絢麗多彩。

03 銀心究竟是什麼？

西元 2019 年 4 月 10 日，天文學界向世人公布了第一張黑洞照片。它位於 M87 星系中心，距離地球 5,500 萬光年。理論上，所有星系的核心都有一個超大質量的黑洞，那麼，為什麼不拍攝銀河系中心的黑洞？它離我們才 2.6 萬光年遠。

人類在地面能看到璀璨的銀河，不過，它的核心卻位於人馬座一片暗星雲後面，肉眼無法看到，所以長久以來，人類並不知道這個核心的存在。

雖然黑洞本身不發光，可它的引力會讓巨量星際物質圍繞自己瘋狂旋轉，形成明亮的吸積盤。再加上銀心周圍的恆星密度比銀河系其他地方的都大，所以，理論上銀河中心是個耀眼的區域。

雖然有 2.6 萬光年遠，但如果中間完全不隔著暗星雲，地球上看到的銀心應該和月球差不多，想像一下夜晚有兩個月亮的情形吧！

光學望遠鏡在誕生數百年後，即便已發展得十分成熟，也仍然無法穿透暗星雲。正因為看不到銀河系的整體形狀，直到西元 1918 年，也就是一個世紀前，人們還以為太陽系就位於銀河中心。那一年，天文學家沙普利指出，太陽只是位於銀河系的某個旋臂，離中心很遠。

　　後來，射電望遠鏡拓展了天文學家的視野，人們得以了解銀河系的全貌。銀河系從外到內分為銀暈、銀盤和銀心三部分。太陽系位於銀盤，最多算是在銀河心臟地帶的近郊區。

　　銀河系中心恆星最稠密的區域，約有 3,000 多光年直徑，呈球形。在它正中心的外面，大約 1,000 光年直徑範圍內有個氫氣盤，圍繞銀心高速旋轉，最快的地方轉速能達到光速的三分之一。裡面的物質主要是被巨大引力俘虜的天體碎片，它們在旋轉中互相摩擦，發光發熱，溫度高達上百萬攝氏度，倘若用肉眼去看，是一片白亮亮的光。

　　銀河系正中心有個神祕天體，被稱為人馬座 A。最初觀察到它時，天文學家估算其直徑有 10 個天文單位，相當於從太陽中心到木星軌道那麼遠。而它的質量卻相當於幾百萬個太陽，整個銀河系就圍繞著這麼小的一個天體運行，可見它的引力有多強大。

　　最新的天文觀察發現，這個神祕天體可能更小，直徑僅有兩個天文單位，準確質量為 414 萬個太陽。如此小的空間裡壓擠著如此巨大的物質，顯然是一顆超大型黑洞。

　　每隔幾萬年到十幾萬年，這個銀心黑洞就會發生激擾，向垂直於銀河系平面的方向噴發大量物質，長達數千光年。如今它正處在平靜期，對它來說，平靜與暴發可能只是一呼一吸那麼短，不過對於人類來說，這已經夠長了。上一次銀河中心發怒時，智人都還沒有走出非洲老家。

　　從 1990 年代起，天文學界就在觀測一個代號 S2 的恆星。它離銀河中心最近時只有 177 億公里，依靠每秒 8,000 公里的公轉速度，才沒有掉入那個超大型黑洞。天文學家正在透過 S2 的運行規律，間接推測銀心黑洞的各種性質。

　　然而，他們仍然無法直接觀測到黑洞本身，這個突破將在未來的某一天發生。

04 「第九大行星」仍然存在

　　冥王星降級這件事發生在西元 2006 年，當時，本書的不少讀者還未出生。我學習的教材上還是九大行星，你們學的則是八大行星。不過，很可能用不了多久，「九大行星」這個詞又要重新回到教材。

　　這還得從冥王星的發現說起。西元 1781 年赫雪爾（William Herschel）發現天王星後，天文學家覺得它的軌道不對勁，很可能受到外側某個未知行星干擾。結果西元 1864 年，柏林天文臺在這個假說的指導下發現了海王星。

　　然而，海王星的軌道仍然不符合預期，天文學家又推

斷，更遠的地方還有一顆大行星。大家用望遠鏡一起找，終於在西元 1930 年，美國天文愛好者湯博（Clyde William Tombaugh）發現了冥王星。

然而，海王星的質量是地球的 17 倍，冥王星的質量卻比月球還小，它怎麼可能給前者的軌道帶來那麼大的擾動？所以，自從冥王星被發現後，就有人推測它並不是「正主」，還有一顆超級大行星潛伏在太陽系外側。當時，它被稱為「第十大行星」，吸引得天文學家摩拳擦掌，光是以尋找第十大行星為題材的科幻小說，我就讀過很多篇。

西元 2005 年，美國天文學家終於發現了一個質量比冥王星還大的天體，稱為鬩神星。然而它也只是質量比冥王星稍大，直徑還小於冥王星，擔不起「第十大行星」的牌子，反而讓天文學家對冥王星的地位犯了愁。

討論來討論去，天文學界重新給出了「行星」的定義。它必須繞恆星運轉，重力必須大到能讓自身呈圓形，這兩條規定沒有變化，第三條規定是，行星在自己的公轉軌道上，必須能清除其他天體。冥王星公轉的軌道上還有許多天體，加起來的質量能達到冥王星的 14 倍，所以它不能算行星，被降級成了矮行星，由於它所在的位置叫做柯依伯帶，又被稱為「柯依伯帶天體」。

那位發現了鬩神星的布朗（Michael E. Brown），後來繼續研究柯依伯帶天體。這下可不得了，他總共發現有 6 顆柯

依伯帶天體的運行軌道出現異常，並且它們朝向太陽的角度十分接近。所有這些現象全部屬於巧合的可能性，只有一萬四千分之一，若不是巧合的話，那就意味著有一顆未知大行星，在更遠的地方干擾著它們。

迄今為止，天文學界總共在柯依伯帶，發現了 22 顆軌道異常的天體，各種跡象都表明，在太陽系邊緣有一顆「行星 X」等待人類去發現。透過已有天體的軌道異常情況，天文學家推測這顆「行星 X」可能是類地行星，不過比地球質量大 10 倍，接近於天王星的質量。

然而，當初太陽系形成時，離太陽越近的空間裡物質越稠密。在離太陽那麼遙遠的地方，很難有足夠物質形成如此大的天體，就是現在的這些「柯依伯帶天體」，很多也都形成於太陽系內側，只是在漫長時間裡被大行星彈到了外面。

而且，這顆「行星 X」的公轉軌道十分奇特，是一個週期長達 1.5 萬年的狹長橢圓軌道。結合這兩個疑點，天文學家推測它可能是一顆流浪行星，因為靠近太陽而被俘獲。

到今天，它還沒有出現在任何一部望遠鏡的視野中。

05 或許真有「復仇女神」

對於太陽系天體運行的種種怪像，除了未知大行星這種假說外，還有一個更離奇的假說，那就是認為太陽可能有一顆伴星，它是大多數天文災難的最終推手。

說起伴星，在銀河系中其實相當常見。以前天文學界曾經認為，銀河系裡大部分星系都是雙星，或者三合星，像太陽這樣單身的恆星系是少數，不過西元 2006 年的研究表明，單星系可能占銀河系中恆星系的三分之二。即便如此，太陽有一顆伴星的可能性也非常大。

　　地球自從產生多細胞生命後，平均每 2,600 萬年就發生一次滅絕事件。再之前也不是沒發生過這種天文級別的災難，而是地球上只有單細胞生命，談不上生物滅絕。

　　西元 1984 年，天文學家穆勒對此提出假說，認為太陽有一顆伴星，它每隔 2,600 萬年離太陽最近，並將奧爾特雲中的小天體推向太陽系內側，導致撞擊災難頻發。根據西方文化傳統，他把這顆伴星命名為「涅墨西斯」，也就是復仇女神。

　　冥王星外面有一顆矮行星，名叫塞德娜，它的軌道就很奇特，遠日點是近日點的 12.8 倍。運行出這麼狹長的軌道，顯然是有某個神祕天體在更遠的地方拉動。當然，它有可能是神祕的未知行星，也有可能是復仇女神。

　　為什麼我們看不到這顆伴星？第一個原因當然是它太遠，可能遠在 1.4 光年之外。然而，滿天恆星哪顆都比這個距離更遠。所以還有第二個因素，就是它太小，小到不能發光，是一顆褐矮星。這種天體比木星大得多，卻比太陽小得多，達不到形成聚變反應的質量。由於它離太陽很遠，也影

響不到八大行星的運行，但足以影響太陽系邊緣小天體的運行。

復仇女神是怎麼來的？有人認為它和太陽一起在星雲中生成，一直是姊妹星。也有人推測它是一個流浪天體，被太陽的引力俘獲，成為伴星。

既然這樣，為什麼把它叫做伴星，而不是行星呢？這就要了解什麼是公共質心。每個行星都不是圍繞太陽正中心旋轉的，而是圍繞兩者形成的公共質心旋轉。由於行星質量遠小於太陽，這些公共質心都位於太陽體內，不過木星與太陽形成的公共質心，則位於太陽表面之外 4 萬多公里處。

復仇女神如果達到假說中的質量範圍，最小是木星的 6 倍，本身距離又那麼遠，它與太陽形成的公共質心，明顯會更加遠離太陽。

南京大學天文與空間科學學院的張曾華，也在研究這個問題。他的解釋是，太陽可能有一顆伴星，可是由於附近更大恆星的引力作用，這顆伴星擺脫了太陽的引力，已經流浪到銀河系中不知道哪個角落去了。

除去有可能和太陽長相廝守的復仇女神，還有天文學家認為，1.4 萬年前曾經有一顆紅矮星路過太陽附近，我們的祖先在地球上就能看到它。如今，這顆紅矮星已經消失在遠方，但它在奧爾特雲中產生引力擾動，把一些彗星推向太陽系內圈，形成一輪彗星大轟炸。

這些伴星說非常有研究價值，從西元 1986 年開始，天文學家就開始尋找復仇女神，迄今尚未成功，但也沒有徹底否定它。倘若你報考天文學系，可以嘗試破解這個驚人的祕密。

06 太空邊界將會下調

我們生活的大氣層越往上越稀薄，最終會進入太空。那麼，大氣層和太空的邊界在哪裡？目前，國際上以 100 公里為分界線，由於這條線是航空航太工程師西奧多‧馮‧卡門（Theodore von Kármán）提出來的，又稱卡門線。

其實，馮‧卡門當年提出這個分界線的初衷，並非是要研究大氣層的性質，而是為了劃分航空與航太兩種技術的邊界。

我們知道，空氣越稀薄，飛機就必須飛得更快，才能靠機翼獲得足夠的升力。到達一定高度後，這個理論速度便會超過第一宇宙速度，這樣一來，飛行器靠離心力就能對抗地心引力，機翼失去價值，航空也就成為航太。

另外，飛機發動機要靠吸收周圍空氣來燃燒，當空氣稀薄到一定程度，飛機發動機就無法吸收到足夠的空氣。而太空飛行器入軌後，僅靠慣性就能飛行。當然，太空飛行器會受到稀薄氣體分子的影響，軌道高度逐漸下降，但由於它的速度夠快，可以抵消這種影響，圍繞地球旋轉。一旦太空飛

行器的飛行軌道低於某個高度，大氣層就會稠密到無法讓太空飛行保持軌道飛行而墜毀。

綜合航空與航太兩方面的考慮，馮·卡門認為離地面85公里到100公里，是大氣層和太空的分界線，下面是飛機的領域，上面是衛星和飛船的地盤。

馮·卡門是從技術角度來劃分天空與太空的，航太事業的發展讓這種劃分又有了法律意義。一國領土上面的大氣層是該國領空，不能隨便進入。而太空飛行器繞地球飛行，會從很多國家上空飛過，如果不分清天空和太空，航太事業就無法進行。於是，海拔100公里高處就被硬性規定為太空邊界。

當然，這條人為規定的線一直遭到質疑。美國哈佛-史密森天體物理學中心的麥克道爾，研究了4.3萬顆衛星的軌道，發現至少有50顆衛星曾經在85公里的低軌道上飛行。這說明從技術角度上看，衛星完全能在卡門線下面飛行，但如果按照國際慣例，它們已經侵犯了各國的領空。

美國空軍也有一個內部規定，把飛到80公里以上高空的人稱為太空人，幾名做過次軌道太空飛行，而沒有進入地球軌道的飛行員，因此被追授為太空人。另外，有一些學者認為卡門線定得過低，理由是大氣層如果稀薄到完全呈黑色，需要高達160公里以上。

最近，維珍銀河與藍色起源等公司，紛紛推出次軌道旅

行。遊客們花幾萬美元買張票，便可以登上他們的火箭飛機，短暫地衝進太空，不進入地球軌道便降落返回。這樣就必須準確定義，究竟飛到多高才算是進入太空。只要飛到三四十公里高處，地平線呈弧形，就能獲得類似於飛船上太空人的某些感受，不過這離卡門線還相當遠。

麥克道爾仔細研究了各種衛星在返回時發生的情況，發現直到 66 公里高處，大氣阻力都還可以忽略不計。這比馮·卡門計算的 85 公里下限還要低，更不用說 100 公里的法定線了。

顯然，太空旅遊公司更喜歡這個新邊界，這意味著他們不用飛那麼高，就能滿足顧客的需求。

07 太陽成為宇宙航行新目標！

太陽系有什麼飛行目標難以到達呢？答案之一就是太陽本身！

我們都知道太陽是個地獄般的環境，天體飛得離太陽過近，不是焚毀就是墜落。那麼，天體最近能夠飛到距離太陽多近呢？

太陽從內到外分為核心層、輻射層、對流層、光球層、色球層、日冕層，而日冕層又分為內冕和外冕。日食的時候，人們可以觀察到太陽周圍像頭髮一樣的線條，那就是內冕，它可以延伸到 3 個太陽半徑那麼長，外冕甚至可以延伸到地球軌道之外！

　　有一種天體叫掠日彗星，它的近日點非常接近太陽。西元 1680 年，人類第一次觀測到的掠日彗星，離太陽表面只有 23 萬公里，西元 1841 年的一顆掠日彗星，更是只有 13 萬公里，小於太陽的直徑。池谷‧關彗星於西元 1965 年飛過太陽時，離太陽表面只有 65 萬公里。由於本身質量大，這 3 顆掠日彗星都幸運地沒被太陽的引力解體，成功繞過太陽，所以逼近太陽並不一定會毀滅。

　　雖然太陽是地球上一切生命的本源，人類也早早就用肉眼觀測太陽，可是專門發射用於太陽觀測的太空船並不多。1970 年代，西德研製了太陽神系列衛星專門觀測太陽，其中的「太陽神 2 號」，於西元 1976 年抵近到距離太陽 4,343.2 萬公里的地方。美國的「信使號」探測器在水星表面硬著陸，也跟著它飛到 4,600 萬公里的近日點。

　　美歐合作的尤利西斯號探測器，於西元 1990 年發射升空，這是人類發射的第一個黃道外太陽探測器，它以與太陽黃道面垂直的軌道運轉，可以探測太陽兩極的情況。美國 NASA 的「太陽過渡區與日冕探測器」發射於西元 1998 年 4 月。西元 2001 年 7 月，美國 NASA 又發射了「創世紀」號飛船，試圖在太陽附近提取星際物質，運回地球研究。西元 2006 年 9 月 23 日，日、英、美聯合研製的太陽觀測衛星「太陽 -B」也發射升空。

　　不過，它們都只是在遠距離上觀測太陽，只有美國

NASA 在西元 2018 年發射的「派克號」太陽探測器，才算真正地以太陽為目標。西元 2019 年 9 月 1 日，這艘飛船飛到離太陽只有 616 萬公里的地方，這已經是太陽大氣層的邊緣區。如此之近，探測器便能夠收集到大量的太陽氣體樣本。

西元 2020 年 1 月 29 日，「派克號」第四次掠過太陽。這次它沒有刷新近日點的紀錄，但在太陽巨大的引力作用下，「派克號」的飛行速度超過每小時 39.3 萬公里，再次創造了人類太空飛行器最快飛行速度紀錄。

以太陽為探險目標，會遇到探測太陽系其他地方不曾遇到的問題。比如，由於距離地球遙遠，周圍又有太陽的強烈輻射，通訊成為遠征太陽的大問題。不過，飛船接近太陽時，可以把水星當天線使用，水星內部富含大量鐵質，這使整個星球成了一座巨型天線。又比如，探測器在太陽附近的表面溫度能達到 1,500℃，必須裝配隔熱層才能保持儀器穩定。

總之，既然太陽有著太陽系裡最嚴酷的環境，要抵近太陽做實地考察，也就需要遠比今天更先進的宇宙航行技術。不過，考慮到 100 年前人類還不能駕駛飛機越過大西洋，駕駛飛船到達太陽，這一天也不會太遙遠。

第六章
地球新境界

　　地球是人類的基本生存環境。地學從一開始只研究陸地，發展到將海洋學和氣象學也包括進來，現在，它們統稱為地球科學。

　　人類的這個不可替代的搖籃，如今還有許多奧祕沒有解開。這就是本章的內容。

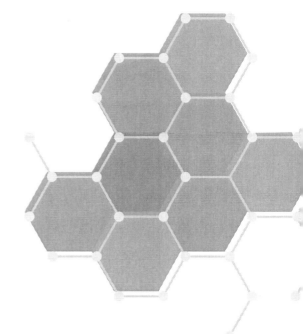

01 地球曾經是雪球

如今，「溫室效應」已經是熱門話題。溫室氣體進入大氣，導致氣溫上升，使得封存在土壤裡的更多溫室氣體釋放出來。悲觀者甚至認為，地球會像金星一樣，毀於溫室效應的惡性循環。

然而與溫室效應相對，地球氣候還受「冰室效應」影響。由於冰面對陽光的反射率大於水面和地面，冰面如果增加，便會更多地將太陽光反射回去，減少地球表面接受的熱量。兩種效應一直在拔河，一旦冰川超過南北緯 30 度線，冰室效應就會壓倒溫室效應，冰面會迅速推進到赤道，平均溫度下降到 -50℃，全球無論海陸全部冰凍。

有些地質學家推測，在 10 億年到 5.4 億萬年前的新遠古代中，受冰室效應影響，地球上所有的海洋都被凍結，整個地球變成雪球。西元 1992 年，加州理工學院一位教授正式提出「雪球假說」，成為古地質學的熱門課題。

按照這個假說，當時的地球類似於木衛二，表面是兩公里厚的冰殼，下面保存著液態水，僅有一些低等生命能生活在其中。之所以提出「雪球假說」，是因為這個年代留下的冰川痕跡遍布全球，而不像我們置身其中的第四紀冰川，從未覆蓋到低緯度地區。

冰室效應是可以自我循環的，陽光帶來的熱量越來越少，冰凍的範圍和深度越來越大。打破這個惡性循環的是火

山爆發，它們不受表面溫度變化的影響，持續向大氣中噴出溫室氣體，讓地球表面回暖，經歷上千萬年，才把海洋基本融化。

倘若地球成為雪球，一點點溫室氣體是無法逆轉的。「雪球」理論家估計，二氧化碳濃度達到現在的 350 倍，才終於把地球從「冰室」變成「溫室」。也只有在大海融化之後，地球生命才迎來「寒武紀大爆發」，產生各式各樣的多細胞生命。假使沒有火山中斷這一進程，地球有可能一直封凍下去。

支持這一假說的還有恆星演變規律。像太陽這樣的恆星，年紀越大，能量釋放的速度就越快，看起來也就更亮。10 億年前的太陽比現在要暗。當時，金星表面的氣候可能類似於現在的地球，而當時地球的氣候可能類似於現在的火星。

當然，既然是假說，也就意味著科學界還沒有完全接受它。當時地球大陸是一個整體，並不在今天的位置。至於如今某個發現冰川遺跡的地方在當年位於何處，還不能完全確定。

不過大家都承認，新遠古代時地球的溫度遠遠低於現在。區別在於當初是連陸帶海都被完全封凍，還是只有大陸才出現冰川，其他地方還有海水。

研究地球如何而來，向何方演化，是非常重要的課題，它會讓人類對自身生存環境有更準確的認知。

02 板塊曾經不運動

「板塊」這個詞一誕生，就與「運動」合在一起使用，說板塊可以不運動，就像說生命可以不繁衍一樣。然而，板塊在地質歷史年代裡，可能真有短暫時間曾經不運動。

板塊學說誕生的歷史並不長。100 多年前，德國學者韋格納（Alfred Wegener）受世界地圖的啟發，認為大陸在不斷移動，當時，他的學說叫做「大陸漂移理論」。不過，陸與海的界限並非天然的地質構造，而是取決於海平面，海水上漲就會淹沒更多的地方。所以，大陸漂移理論只總結了一些表面現象，提出後未被科學界接受。

西元 1968 年，法國學者勒皮雄（Xavier Le Pichon）綜合當時的地質學資料，將全球地殼分成六大板塊，認為它們之間的相互運動形成了山脈、海溝，並導致了火山和地震等一系列地質現象。我小的時候，舅舅每次到我家，就會興奮地講起板塊理論，我就是從他那裡聽到這個詞的。

如何檢測歷史上的板塊運動呢？岩石中含有鈮、釷，還有兩種氦的同位素，當地殼內部冷卻時，它們的含量會隨之發生變化。而板塊都漂浮在地函物質上，板塊運動的動力就是地殼下面的熱量。所以，透過這些元素的含量，可以研究地球內部冷卻的速度。

美國卡內基研究院的兩名研究人員，便是透過研究這些元素，發現板塊運動曾經在 15 億年前和 3.5 億年前完全停

止。雖然持續時間很短，但是這一發現挑戰了板塊一直在運動的主流理論。

即使這個推論不成立，地表形狀也並非一直由板塊來決定。地球曾經處於熔融狀態，由於不斷向太空輻射熱量，外殼才慢慢冷卻，變成固體，所以，板塊並非與地球同步產生。據推測，最早的板塊形成於 30 億年前，在那以前，地表不存在硬殼，也就不存在板塊運動，到處都是流淌的岩漿洋。

地殼初步冷凝後，首先形成全球一體的板塊，名叫停滯蓋。顧名思義，它沒有水平運動，只是浮在地函物質上面。停滯蓋比現在的地殼薄得多，隨著冷凝不斷向地層深處伸延，停滯蓋越來越厚，某些地方大面積斷裂，才開始進行水平運動。所以，地殼形成初期也沒有板塊運動。

研究地球的歷史並非只能從地球入手，太陽系內的其他天體也可以借鑑。進入 21 世紀，天文學家又探測到大量系外行星，其中不乏處於形成早期的類地行星，透過研究它們，可以間接推導出地球早年的表面狀態。在這些地方，天文學家已經發現了岩漿洋和停滯蓋的跡象。

地質學家也作出推論，由於地函物質仍在冷凝過程中，如果冷凝到一定深度，地函將不再提供動力給板塊運動，板塊運動就會永遠停止。這個現象大概會發生在 14.5 億年後。

從那以後，地表不再有造山運動，已經形成的山體在不

斷的滑坡中變得越來越矮。火山也不再噴發，溫室氣體減少，地球會變得比現在冷得多，也平緩得多。

03 地震早晚能預報

地震到底能不能預報？對這個問題有兩個彼此矛盾，但都不正確的回答。一種觀點認為，地震已經能夠準確預報。每次發生大地震，都會有人遷怒於中央氣象局，認為他們尸位素餐，工作失誤。

這當然不正確，可是，另一種觀點認為，地震不可能預報也不正確。準確的說法應該是，靠現有的地質科學手段，還無法預報地震，不過人類早晚會發明出地震預報技術。

地質學家一直在努力去預報地震，第一個手段就是地震統計。他們研究歷史上哪裡發生過地震，它們的強度有多大，同一個地方兩次地震之間平均會隔多久，靠這種方法，地質學家已經找到全球的地震頻發區，能把地震預報精確到幾年範圍內，這叫做中長期預報。

不過對於社會大眾而言，這麼泛泛的預報等於不報，人們需要精確到哪一天會發生地震的預報，這叫臨震預報。

除了統計過去的地震，地質學家還要觀測斷裂帶。不過，人類的儀器還不能進入斷裂帶深處，只能在地表進行間接觀測。另外，地震發生前會有各種徵兆，包括地磁變化、大地電阻變化、動物行為異常等，震前幾分鐘到幾小時內，

更是會有地聲、地光等現象，這些都有助於臨震預報。

中國地震學家錢復業曾使用地電技術，進行過較為準確的臨震預報。地震發生前，大地內部構造會發生變化，導致岩石的電阻率變化。把長達數百公尺的電線埋入地下，可以即時分析大地電阻的變化。這種設備稱為地電站，設在荒郊野外。錢復業發明出先進的「PS-100 地震地電儀」，比當時現有儀器的靈敏度高兩個數量級。

類似的技術在不斷取得突破，臨震預報最終將能以小時來計算，並具有真正的實用價值。

04 地震或能治地震

《日本沉沒》是一部著名的科幻小說，描寫日本遭遇巨大地質災難後，整體沉入大海。西元 1973 年上映的第一版改編電影忠於原作，西元 2006 年的第二版，則留下了一個光明的小尾巴：地質專家在深海放置氫彈，中斷了板塊運動，保留了一部分日本島嶼。

僅僅預測地震並不能滿足人們的需求，人們還希望能阻止地震，而不只是在預報後被動地逃難。中國科學院研究青藏高原的專家裴順平等人發表論文，認為自然界的地震可以癒合另一場地震形成的斷層。

中國的汶川大地震後，科學家透過鑽探發現，地下斷層開始癒合，地震形成的缺口開始封閉。西元 2013 年，相隔不

遠的中國雅安蘆山發生地震後，裴順平團隊又發現，它顯著加速了汶川地震破裂帶的癒合。這就提示人們，可以用可控的小型地震，消減未來不可控的大型地震。

這樣問題便來了，人類究竟能製造出多大級別的地震呢？以常規炸藥來說，人類工程史上排前三位的爆破都發生在中國。

西元 1956 年甘肅白銀礦區為擴建進行爆破，使用了9,000 多噸炸藥。西方國家監測到這次大爆炸時，曾誤認為中國在進行祕密核子試驗。西元 1970 年四川攀枝花在鐵礦建設中，一次性使用了 1.2 萬噸炸藥進行爆破。西元 1992 年中國擴建珠海機場，又用了相當於半個廣島原子彈的炸藥，掀掉了一座小山。

這些爆炸都在當地造成小規模地震，但都在預料範圍內，並且產生的能量僅限於炸藥本身。西元 2017 年 11 月 15日，韓國浦項發生了人類歷史上第一次誘發地震。一家地熱電站需要往地下注水，誘發了一系列小地震，最大的一次是5 級地震。韓國本土不在地震帶上，這次地震已經是該國歷史上第二強的地震。

如果要防治未來的強震，這些常規手段顯然不夠。1960年代末，蘇聯地質學家最先發現核爆炸與地震之間有連繫。核爆發生後，會在幾天後在幾百公里外誘發地震，這使得人工地震有可能發展為一種祕密武器。蘇聯為此專門制定「水

星計畫」，先後爆炸過 32 顆核彈，尋找核爆與地震的關係。

根據這些研究，若是埋設位置合理，1 萬噸級核彈可以誘發芮氏 5.3 級地震，10 萬噸級核彈可以誘發芮氏 6.1 級地震。法、美等國也都研究過地震武器，冷戰結束後，俄羅斯繼承了這項研究，而美國也曾用常規爆炸，來研究誘發地震的手段。

將人工地震作為武器並不合算，因為它需要在本國領土上進行地下核爆破，才能誘發敵國領土的地震，屬於「殺敵三千，自損八百」，而敵國即使發生地震，能造成哪些損失並不可確定。而且，即使幾百噸當量的戰術核武器爆炸時都會被監測到，與其用核彈誘發地震，不如直接用其進行核打擊。

但如果要用人工地震防治天然地震，就沒有這些顧慮了。中國的汶川地震和唐山大地震，都曾釋放出相當於 1 億噸 TNT 當量左右的能量，而人類爆炸的最大氫彈達到五千萬噸，已經十分接近。或許，未來真能用氫彈消除遠期強震的危害。

05 地球或有第八大陸

七大洲、四大洋，這是我們對全球地理輪廓的認知。不過，一直有科學家挑戰這兩個概念，認為地球上曾經有第八塊大陸，他們把它叫做 Zealandia，音譯是西蘭蒂亞，或者西蘭大陸。顧名思義，它位於現在紐西蘭周邊的海域。

　　在我們的常識中，大陸必然高於水面，可是地學界正在從純粹地質構造的角度，重新定義大陸。他們提出四個條件：首先，大陸必須明顯高於周邊地理區域；其次，大陸地殼要比大洋地殼厚；再次，大陸必須包含大範圍的矽酸火成岩、變質岩和沉澱岩；最後，大陸能與群島和大陸碎塊有清晰邊界。

　　總之，新定義並不包含「大陸必須高於水面」這一條。地質學家根據地殼本身的成分和性質，將它們劃分為大陸地殼與大洋地殼。前者要厚得多，平均 35 公里，大洋地殼平均只有 5 到 10 公里。

　　按照板塊學說，地殼先從海洋深處生成，向陸地擠壓，所以大洋地殼比大陸地殼年輕得多。大陸地殼的年齡至少在十億年以上，二三十億年的也到處可見。大洋地殼的年齡只有兩億年左右，也正因為年輕，大洋地殼基本沒有花崗岩層。

　　基於這些特點，地質學家認為，大陸地殼覆蓋地球表面的 45％，大洋地殼占 55％。因為海洋面積占全球表面積的 71％，所以，很多大陸地殼其實被淹沒在海面之下。

　　第八大陸的說法，是紐西蘭地質與核科學研究所的專家提出來的，主要就是以兩種地殼的劃分為依據。他們勘察了紐西蘭周邊海域的地殼，發現至少有 500 萬平方公里屬於明顯的大陸地殼，它們構成一個獨立單元，高於周邊海底。當

然，這片大陸地殼只有 6％露出海面，包含紐西蘭兩島和新赫里多尼亞群島，剩下的部分都泡在海水裡。

這些專家認為，西蘭大陸曾經是岡瓦納古陸的組成部分，後來與其他大陸分離，但直到 8,000 萬年前，它還露在海面上，曾經是真正的大陸。西元 2020 年，這些專家公布了這片海域的測深圖，可以明顯看到有一塊章魚狀的地形潛伏在海面下。

西蘭大陸概念的提出，讓人們更多地注意到，大陸地殼與大洋地殼的劃分。大陸周邊的大陸棚都屬於大陸地殼，那裡有不少淺海。比如俄羅斯與烏克蘭之間的亞速海，平均水深僅 7 公尺，在一萬年前的人類祖先眼裡，那就是一片陸地。古人類能夠到達日本、印尼或者塔斯馬尼亞島，也是因為當年它們還與陸地連接。

不過，一般被淹沒的大陸地殼，都是大陸向海洋的延伸部分，西蘭大陸則不是，它自成一體，高聳在大洋盆地之上，不與周圍任何陸地接壤。這也是地質學家主張它為獨立大陸的原因。

當然，即使科學界最終承認西蘭蒂亞算是一塊大陸，紐西蘭也不能獲得它的管轄權。西蘭大陸的概念只有地質學上的意義，它提示我們，要從科學的角度重新認識海與陸。

06 第五大洋

西元 2021 年，國家地理學會正式宣布將南極洲周邊海域的南冰洋（Southern Ocean，或稱南大洋），認證為世界五大洋之一。所以現在世界上有五大洋。

在世界地圖上，你可以清晰地看到，太平洋、印度洋和大西洋的南端是連在一起的。西元 2000 年，國際海道測量組織提出建議，應該把這片海域單獨劃成一個洋，這個說法得到不少科學家的支持。與西蘭大陸相比，南大洋獲得科學界內部更多的支持。

全球海水都連在一起，成為統一水體，不與之相連的則是內陸湖。把統一的海洋分成這個海、那個洋，只是人類以陸地形狀為依據劃分的界限。尤其是當代世界地圖，起源於歐洲人的大航海運動，整體上按照歐洲人的習慣劃分了全球海洋水體。

可是，科學家在深入考察海洋的過程中，開始以洋流來認識海洋。本著從易到難的順序，他們先考察與文明世界更近的大西洋和太平洋，逐漸擴展到遠離人煙的南方海域。於是他們發現，那片海域擁有獨立的洋流體系，這是它被單獨劃分出來的主要原因。

在普通人看來，海洋裡都是水，看上去茫茫一片。其實海洋中有很多寬大的水流，無論在溫度、鹽度還是流速方面，都與周圍海水有明顯差別，這就是洋流。

在科學家系統研究海洋之前，漁民就已經知道洋流的存在，他們會根據自家附近的洋流情況，規劃出海航線。不過，洋流通常有幾十公里甚至幾百公里寬，長度能達到上萬公里，只有大規模的科學考察才能目睹它的全貌。而用陸地為標準劃分海域要簡單得多，之前四大洋的劃分體系，早在16世紀便已經定型。

而南大洋的提出，則開始於20世紀末，是科學家反覆考察當地洋流才得出的結論。那裡有一個「南極洲環流」，自西向東不停地繞南極大陸流動，獨立於其他海洋的洋流體系。

只不過沒有了陸地分界，南大洋的北界該劃在哪裡？國際海道測量組織將它劃在南緯60°線上。而南大洋「獨立」後，太平洋、大西洋和印度洋就分別少了一塊，不過它們仍然能排在全球大洋面積的前三名，南大洋則超過北冰洋，排在第四位。

當然，無論是新大陸還是新大洋，都只是學術概念的變化，海洋與陸地本身還是那個樣子。不過由於板塊運動，未來可能會真的生成新大陸或者新大洋，比如，東非大裂谷會在幾百萬年後把非洲一分為二，本身擴展成為一片海。

07 史前真有大洪水？

災難片《2012》向觀眾展示了全球大洪水的恐怖場面。這個構思來自《聖經》中「諾亞方舟」的傳說，正是這個傳

說，讓史前全球大洪水的概念深入人心。那麼，剔除神話和宗教意義，這算是一個嚴肅的科學研究問題嗎？應該算，確實有不少古人類學家在研究它是否發生過。

要想準確理解「史前大洪水」，首先就要理解「史前」是什麼意思。史前是指人類有文字紀錄之前的歷史，而全球最早的人類文字出現於兩河流域，時間是 5,000 多年前。

最初，這些文字的刻寫和傳播都十分困難，只用於記錄簡短事件和帳目。至於用文字來講一個故事，距今只有 3,000 年，《聖經》中的相關篇章，就產生於這個時代，而當地最早的人類定居點，出現在 1.2 萬年前。

所以，如果把定居當成文明的象徵，人類大部分文明史都屬於史前時期。後人能夠熟練地使用文字後，才開始記錄口頭流傳的先人故事，大洪水便是其中之一，它並非當代人記載的當代事，所以時間和地點都無法明確，大洪水可能存在於漫長的數千年無文字歷史當中。

另外，這個大洪水必須大到全球性，而不是區域性的洪水。質疑史前大洪水的人指出，諾亞方舟的故事來自古代巴比倫的《吉爾伽美什》（*Epic of Gilgamesh*）史詩，那可能只是一場區域性洪水，但是古人並不清楚世界有多大，就渲染為全球大洪水。

有些神話學者卻認同史前大洪水的存在。他們從全球各民族中找到 600 多條相關傳說，像中國的大禹治水，還有非

洲、美洲印第安人的洪水神話，都是早在基督教傳入當地前就存在了。

要研究無文字的歷史，考古學十分重要。最近，古代洪水遺跡越來越多地被挖掘出來。以中國為例，浙江良渚和山東龍山文化遺址都有洪水的痕跡，青海一個叫喇家遺址的地方，更是找到了持續上千年的洪水堆積層。在傳說中堯活動過的山西襄汾，考古學家挖出近 3 平方公里的古城遺址，距今約 4,300 年，並且一度毀於洪水。

部分學者認為，史前大洪水並不神祕，就是古人類對於冰川消退、大海入侵的記憶。當人類在中亞初試農業時，海平面比現在低 50 公尺。後來海水迅速上漲，5,000 多年前比現在還高出三四公尺。

海洋裡增加的水，主要來自陸地冰川消融，這種消融不可能是漸變的，肯定伴隨短期洪水。冰川融水有利於灌溉，吸引人類形成居民點，文明也隨著冰川的後退，不斷向高緯度延伸。但是，既然願意定居在冰川融水的下游，受到洪水襲擊也不可避免。

冰川消退為人類提供了更多溼潤的土地，有助於文明的延續，不過對於當時只有幾萬、甚至幾千人的眾多小族群來說，區域性洪水無疑是滅頂之災。

08 海洋下面還有海洋

地球上的水主要在哪裡？

如果你給出的回答是海洋，老師可能會說你正確，但是尖端科學家卻不會。因為他們相信，地球上的水主要儲存在海洋下面！

當然，在熾熱的熔岩裡不可能有液態水。他們所說的水，有可能是橄欖石斑晶中的氣液包裹體，或者矽酸鹽的水合物。

科學家已經在來自中國和非洲的鑽石裡，發現了水的一種晶體形式。鑽石都形成於地函深處的高壓環境，在形成過程中會把水包裹進去。部分鑽石在地質運動中升到地面，可為數很少，絕大部分鑽石都埋藏在地函裡。這些含水鑽石樣本就產於地下 600 公里處。

還有一些熔岩能與水結合，形成熔體。矽酸鹽和碳酸鹽熔體中所包含的水，能達到總質量的 6%～8%，在高溫高壓狀態下，甚至能達到 10%。由於地函有 2,865 公里厚，以這種形式保存的水可能遠遠超過地表水，一個大膽的估算認為，地函總水量能達到地球總質量的 0.34%！

這些地球深處的水是從哪裡來的？有些科學家認為它們就來自地表，當板塊朝地函俯衝時，會帶下去大量海水。日本愛媛大學的研究人員，在實驗室裡模擬地下 1,400 公里處的壓力，成功地讓蛇紋石變成了含水礦石。他們推論，海水

可能被包裹在礦物中，被一直帶到 1,400 公里的地下，年復一年地累積在那裡，最終，地球內部的總水量相當於海水的幾十倍。

至於地表水的來源，一派科學家認為是含水天體的撞擊。另一派則相信內源假說，認為它們來自地球內部，也就是說，那些熔岩在形成時就含水。

在火山爆發中，水蒸氣通常占噴出物相當大的比例，原因是在地球深處的高溫高壓狀態下，水被封閉在岩石裡，當熔岩噴出火山，進入常壓環境，這些水就在劇烈膨脹中破石而出。火山石的外表布滿坑坑點點，有些地方的人們甚至還用火山石來搓澡。這些坑坑點點形成的原因，就是由於裡面儲存的微量水被釋放了出來。

20 世紀晚期，地質學家有條件去研究熔岩的來源。他們發現，有些含水熔岩是從接近地核的位置翻上來的，這意味著整個地函都含水。總之，水並非來自太空，它就產生於熔岩。

這些研究中估算的地函含水量多得驚人。或許，水在地球上的主要形式不是浪花和雲霧，而是熾熱的熔岩。

不過，作為一個爭議中的問題，也有不少科學家質疑地函中是否會有那麼多的水。中國南京大學的楊曉志，同樣在實驗室裡模擬出地球深處的高溫高壓環境，發現地函礦物的含水量被人們高估了近百倍！即使相信地函富含水的科學家，他們提出的估算值之間也有數十倍的差異。

　　大地深處到底是乾的還是溼的？這個有趣的問題還可以研究幾十年。有的讀者會質疑，這些水反正人類也利用不了，研究它們做什麼？其實，這個問題屬於基礎科學，了解地函的成分中有沒有水，有助於我們了解地球本身的運動規律。

09 石油並非不可再生

　　不少科學理論都在發生變化，而有一個觀點卻幾十年始終沒變，那就是認定石油會在幾十年後枯竭。假使從我看到這個觀點開始算，今天我們已經無油可用。不過，今天的媒體又把石油枯竭的年分向後推了幾十年。

　　有些科學家對石油是否不可再生這個基本原理提出了質疑，因為一些廢棄的油井後來又恢復了油流。他們認為，石油可能並非主流學術界認定的那樣，是古代生物遺體形成的產物，而是碳氫化合物在地球內部受放射線作用後的結果。這些學者的依據是，太陽系裡許多天體都有類似石油的烴類物質，土衛六上的甲烷之海，比地球上所有的烴類儲存量還多幾十倍，而那裡並沒有生物。所以，從無機物中產生烴類，才是宇宙中的常態。

　　那麼科學家當年為什麼會認定，石油產生於遠古的生物？原因是在石油裡檢測到生物的 DNA 殘片。不過，最近的科學研究表明，地球上一半生物都存活在地層裡，深達幾

公里處都有生命的痕跡，所以，它們也可能是石油形成後，在流動過程中裹帶進去的。

美國海洋研究院常年觀測海底熱液活動區。從那裡噴出的礦液與海水混合，釋放出大量氫氣，又迅速降溫。這些劇烈變化形成了非生物烴，它們的來源就是岩石。

當宇宙射線撞擊空氣中的氮14原子後，會形成碳14，它們又被動物吸入體內。海洋專家在熱液區收集到的甲烷，並不包含碳14，表明製造烴類的碳元素不來自生物體，只能來源於地函。

所以，石油很有可能產生於深海的無機物，並在地質變化中被埋入地下。現在，石油仍然在生成中。不過，認為石油可再生，並不等於說石油資源會永不枯竭，關鍵是石油的再生速度能不能趕上人類的開採速度。

以目前情況來看，即使石油可再生，還是遠遠填補不上人類的開採量。如今的石油礦藏與幾十年前比，地層越來越深，開採難度越來越大，從陸地移到海裡，又從淺海進入深海。雖然幾十年內不會枯竭，但未必能堅持更長時間。

為了應對石油枯竭，人們已著手開採非常規石油資源。首先便是煤，它和石油的成分大同小異，只是後者能夠流動，使用和運輸更方便。從煤中提煉的石油，日益成為人們重視的非常規石油資源。

油頁岩也是非常規石油資源，這種岩石裡含有油分，透

過乾餾法可以提取到，一般把含油超過 5% 的油頁岩，視為可開採的礦。

　　油砂則是另一種非常規石油資源，它是石油瀝青和砂石的混合物，可以從中提取石油。加拿大阿爾伯塔省擁有全球最大的油砂礦，折算成石油，據說儲量超過中東。十幾年前石油價格飛漲時，當地吸引了各國投資去開發「砂石油」。

　　然而，這些替代品不會枯竭嗎？可能也會。不過早在那之前，人類的能源供給方式，可能就已經進化到不再以化石燃料為基礎了。

10 人類重啟穴居時代

　　漫長的進化史中，人類主要住在洞穴裡，與洞獅和熊類爭奪住處。人類學會建房還不到一萬年，最初的房屋有很多還是窯洞，是變相的人造洞穴。

　　直到今天，中國還有一個村落完全建在洞裡，那就是中國貴州省安順市紫雲縣的中洞，當地居民被稱為「最後的穴居人」。這裡生活著 20 戶苗族人，他們在洞裡結廬而居。當地政府還在洞裡建成一所小學，拉進電線，讓這裡進入現代社會。

　　雖然人類已經以居住房屋為主，但是地下建築仍然有很多用途。一些精密儀錶需要在恆溫的條件下製造，要讓地面上的建築一年四季保持恆溫，需要消耗許多能源，而地下一

兩百公尺處就是恆溫層。中國的恆溫層溫度在 10℃～23℃之間，正處於人體舒適區，完全不用空調或者供暖。在北歐國家，由於地表寒冷，乾脆將一些工業建築放在地下，以節省取暖費。

地震波到來時，地面上的樓房會搖晃，發生倒塌，而地面下的岩石結構要穩固得多。西元 1976 年中國發生唐山大地震時，開灤煤礦位於極震區，當時井下有一萬多名工人在工作，死亡率卻只有萬分之七，遠小於災區 6% 的死亡率。

戰爭年代，各國出於軍事目的，興建了大量地下建築，中國重慶的 816 工程就是代表。它的面積超過 10 萬平方公尺，被認定為全球頭號人工洞。按照設計，一旦 816 洞投產後遇到核武器襲擊，立刻洞門緊閉，數千名工作人員要在完全與世隔絕的情況下堅持生活，完全由核反應爐提供電力，甚至不能接觸周圍被汙染的空氣和水，整個軍工洞就是一座地下城。

冷戰之後，和平利用地下空間被提上日程。尤其是防空洞，本身位於城市下方，可以直接利用。現在，幾乎所有大城市都開發出地下商業區。其次，地面下只要解決好通風問題，空氣汙染很小，雜訊也近乎於無，是相當好的工業空間。

除了防空洞，廢棄礦井也是一筆地下空間資源。在科幻小說《美麗的地下世界》裡，凡爾納（Jules Verne）設想人

們會把廢礦井改造成地下城。如今，這個設想正變為現實，廢礦井紛紛被改造成地下倉庫、地下博物館或者旅遊設施。

當城市建築高度不斷提升時，建築的地基也得越挖越深，伴隨產生了大量的地下空間。所有高層建築都自帶地下設施，而且越發達的地方越如此。以前，城市規劃只考慮地面，現在地下空間由於逐漸被開發，也進入了新的城市規劃當中。

除了城市和廢礦，有些工業設施必須置於地下。中國廣西龍灘水電站，擁有全球最大的地下廠房，長 388.5 公尺，高 76.4 公尺，寬 28.5 公尺，裡面安裝了 9 臺單機容量 70 萬千瓦的發電機組。

相信不遠的將來，地下空間會越來越受到重視。

第七章
災難新類型

　　水、旱、蝗、震，曾經是傳統災難的主要類型，全球各國都會遭遇，火山和颱風也經常在局部肆虐。不過，隨著人類經濟和社會的發展，以及地球環境的變化，一些新型災難開始引起人們的注意。

　　下面這章，我們就去看看剛剛被科學家揭示出來的新災難。

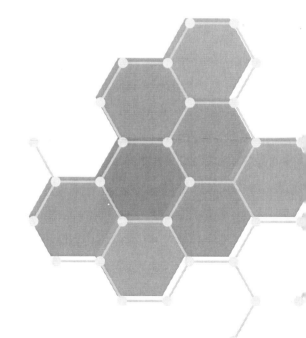

01 恩索現象催生全球動亂

　　騷亂、戰爭、難民潮……這類新聞如今已不絕於耳，很多原因會導致它們的發生，政局不穩、經濟衰退、國際爭端，不一而足。現在，氣候科學家又給社會動盪增加了新理由，那就是「恩索現象」，一種全球的氣候劇變。

　　19 世紀末，位於太平洋東岸的祕魯漁民就發現，每隔幾年海水便會明顯升溫。由於這種現象在每年耶誕節前後最明顯，他們就把它稱為「厄爾尼諾」，也就是西班牙語中「聖嬰」的意思。同樣，每隔幾年海水溫度又會明顯下降，他們便稱它為「拉尼娜」，意思是「聖女嬰」。

　　海水是個巨大的儲熱池，水溫突然升高或降低，對上部氣溫會產生巨大影響。無論是厄爾尼諾還是拉尼娜現象，雖然中心位置遠在太平洋東南部，可一旦發生，便會引起全球的連鎖氣象災難。

　　科學家雖然仍未找到兩種現象的原因，但是估計當地水溫與這種突升突降之間，肯定有某種內在連繫，於是便把它們合稱為「El Niño–Southern Oscillation」，即「聖嬰 - 南方振盪現象」，英文簡稱 ENSO，可以音譯為「恩索現象」。

　　厄爾尼諾和拉尼娜只會引發洪水和乾旱嗎？顯然不是。西元 2009 年，《美國國家科學院院刊》上發表了一篇論文，認為恩索現象還是全球政治衝突和局部戰爭的禍首。研究小組統計了西元 1950 ～ 2004 年世界上發生的 234 次內戰，結

果表明，厄爾尼諾年分爆發的內戰，比平時多一倍！這已經具有很明顯的規律性。

要是這個假說成立，意味著恩索現象早就在影響人類，只是由於它遠離文明腹地，新近才被發現是罪魁禍首。

這篇論文來自美國哥倫比亞大學的政治與氣候科學聯合研究團隊，這種橫跨自然科學與社會科學的問題研究，最近已經成為趨勢。比如，一些中國的歷史學家認為，西域的「絲綢之路」最後是由於氣候變冷和降雨而中斷，明朝滅亡與當時的小冰期到來有直接關係。

更有一些學者認為，氣候對政治的影響可能持續了幾千年，只不過歷史學家以前很少得到古氣候學的資料，才沒做出這種跨學科的發現。要做跨界研究，前提是雙方都會運用對方的研究工具和成果。

天氣和政局之間的連繫看似神奇，其實並不複雜。政治是上層建築，受經濟基礎左右，而經濟基礎又與自然環境高度相關，技術水準越差的國家，越要靠天吃飯，所以越受恩索現象的影響。《美國國家科學院院刊》的這篇論文就指出，恩索現象能影響全球一半國家的局勢，最貧困的國家尤其受其影響，而美國、法國和中國這些國家明顯不受它干擾。

西元 1982 年，恩索現象曾讓祕魯大批馬鈴薯田絕收，最終導致內戰爆發，而西元 1998 年中國全境發生大洪水，原因也來自恩索現象，結果卻被戰勝了。可見更好的經濟基礎能夠克服天災帶來的影響。

02 地陷成為新麻煩

最近這些年，有關「天坑」的新聞不斷被報導出來。西元 2010 年 5 月 30 日，瓜地馬拉首都瓜地馬拉城一居民區，出現深達 60 公尺、直徑 30 公尺的「天坑」，一座 3 層樓和一幢平房掉在裡面。在中國貴州等地，也相繼出現「天坑」，導致人員傷亡。

其實，這些新聞裡使用「天坑」一詞並不準確。天坑專指一種類似於深坑的天然地貌，而這些災難都出現在城市附近或者礦區附近，不是「天」造的，屬於人為災難，準確的術語叫「地表塌陷」。據統計，占總數 80% 的地表塌陷都屬人為因素。

由於礦井而導致的地表塌陷，出現在中國許多礦業城市裡。中國黑龍江省七臺河市在建市初期缺乏科學規劃，將市中心建在一個煤田上，由於煤田不斷開採，市區地面經常塌陷，結果該市被迫兩次搬遷，造成巨大損失。

既然地面塌陷往往和經濟活動有關，那麼經濟活動規模越大，地陷的可能性豈不是越大？是的，所以中國正是目前世界上地陷危險最大的國家。

中國的地陷一般發生在兩種地方。一類是礦業城市，這些城市因大煤礦或大金屬礦而起家，所以很早就出現地陷，當地人對地陷已經適應，雖然無法阻止，但有應對辦法。而且，這種地陷不會影響到別處。

另一種則是超抽地下水造成的地陷。這種危險遍布全中國，其中最重要的就是水漏斗現象。當某處地下水超量採集，雨水、河水又無法及時補充，此處地下水的水位就會下降，最後形成一個中間低、四周高的漏斗形，稱為水漏斗。一些地下水形成量遠低於用水量的地方，比如北京，早早就形成了水漏斗。

由於目前中國的城市建築面積越來越大，更多的土地被公路、堤壩等水泥表面覆蓋，雨水滲不下去，也加劇了水漏斗的形成。

另外，像地鐵工程這種人類活動，也會造成局部地陷，不乏傷亡產生。不過，這更多是因為施工時違反操作規程，而非長期累積的趨勢性災難。

03 冰崩或成新型災難

地震、火山、海嘯、乾旱……自然災難的名單上已經出現了許多名字，今後可能還會增加一條──「冰崩」。

因為天氣轉暖，大片冰川緩慢融化，其中某些地方變得更薄，導致冰川整體失去平衡，發生斷裂，迅速下滑，這就是冰崩。所以，冰崩其實是一種常見的自然現象，在南北極或者高海拔地區，每年都會大量出現。

然而，隨著人類的腳步遍及地表各處，距離冰川越來越近，冰崩愈來愈頻繁，便會造成災難性後果。

　　冰崩和雪崩都是在重力的作用下發生的，只不過前者滑下的是堅硬的冰體，摧毀力比鬆軟的積雪更大。而雪崩經常發生在有人居住的地方，已經被人們熟悉，也知道如何預防。冰崩其實也不難預測，可是由於冰崩多發生在人跡罕至的地方，還沒有形成冰崩預警機制。

　　早在西元 2011 年，發生崩裂的冰川就都出現了移動速度加快的現象。冰崩發生前幾天，當地村民經常能聽到冰層斷裂的聲音。由於冰崩現象十分罕見，他們不知道這種聲音意味著什麼。事後，只要聽到冰層斷裂聲，村民就會向有關部門報告。

　　西藏的阿里冰崩發生後，瑞士聯邦研究所的專家調用衛星進行監測，發現附近的一條冰川也出現了裂縫，便向在現場勘察的中國學者發出警報。冰川所在地日土縣的政府部門，馬上撤離了附近村民。後來，這條冰川果然發生了冰崩。

　　除了直接傷亡之外，冰崩在某些特殊地形上，還能造成堰塞湖，形成更大隱患。西元 2018 年 10 月 17 日，中國西藏的林芝市米林縣附近發生冰崩，導致山體滑坡，沖入雅魯藏布江，形成堰塞湖。水位最高時超過附近村莊 50 公尺，當地政府及時撤離 7,000 多人，才未造成重大災難。整個過程中，附近的公路、電線和通訊線路均有不同程度的損失。

　　本書付梓前，印度北阿坎德邦喜馬拉雅地區發生冰崩，

引發下游水庫決堤，造成上百人死亡或失蹤。希望這起災難能夠引發大眾對冰崩的關注。

04 太陽爆發也成災

在科幻片《末日預言》中，太陽爆發大規模閃焰，太陽風燒毀了地球表面的一切。除去兩名被外星人搭救的兒童之外，人類全部覆滅。

現實中的太陽爆發當然不會這麼致命，但也是一種自然災難，並且隨著科技的進步，它造成的危害反而越來越大。

太陽爆發分為閃焰、爆發日珥和日冕物質拋射三種，它們的能量都來源於日冕磁場。當日冕磁場中的能量累積到一定程度，磁場結構失去平衡，就會攪動太陽大氣頂層的物質，形成爆發。

在這個過程中，日冕磁場的能量轉化成等離子體的熱量和高能帶電粒子的動量，穿越真空飛散到太陽系各處。一次日冕物質拋射爆發的能量，相當於兩萬場 9 級地震，拋射出來的等離子體會在宇宙空間形成磁雲，直徑能達到 0.28 個天文單位。如果磁雲到達地球附近，需要 24 小時才能全部過境。

當這些日冕物質通過時，地球磁場會受到強烈干擾，導致短波通訊中斷，太空飛行器也會受到影響，衛星定位能力下降。如果太空中有太空人，此時會受到輻射危害。雖然有

大氣層保護，但地面上的電網和輸油管道也會受影響，造成停電事故。

了解了具體的危害，你就會發現，被太陽爆發影響的都是高科技系統，幾百年前種田放羊的農民，不會感受到有磁雲從頭上飛過。是的，正因為人類越來越多地依靠電力系統與資訊科技，才越來越擔心太陽爆發。尤其是未來人類要移民太空，將不再受地球上天氣變化的影響，卻要開始承受空間天氣的影響，太陽爆發便是其一。

人類干預不了太陽，所以針對日冕物質拋射這種災難，重要的是作出預報。特別是當拋射出來的物質變成磁雲，及時發現它們，調整通訊、導航與電力系統，就會減少危害。

不過，現今對太陽的觀測，主要靠地面上的望遠鏡，後者受大氣層影響，只能觀測一定頻率的電磁波。即便有個別國家發射太陽觀測衛星，能突破大氣層，可是這些觀測衛星基本都圍繞地球軌道運行，在一個天文單位之外遙感太陽。

要徹底搞清太陽的磁場運動規律，必須抵近觀測太陽。以磁場中的電流片為例，它的尺度理論上只有幾十公尺，在地球上根本無法從偌大的太陽表面，觀測到這麼小尺度的變化。美國的「派克號」飛船雖然以太陽為目標，卻並非是以觀測磁場為任務。

在中國的太陽物理未來觀測設備建議專題中，有科學家提議向太陽發射專用的磁場觀測飛船。它將攜帶電磁場探測

儀，抵近到五個太陽半徑的近處觀測，精度達到地面的 30
倍。這艘飛船將以每秒 200 公里的高速繞著太陽公轉，每天
記錄數個太陽爆發事件。

當然，飛得離太陽這麼近，接受的太陽輻射會達到地
表水準的 1,000 倍！這對飛船防護系統也提出了空前嚴格的
要求。

假使這個方案成功運行，它將成為人類預報太陽爆發的
前哨站。

05 溫室氣體另類來源 —— 農牧田

說到溫室氣體的來源，人們馬上會聯想到電站和汽車。
是的，封存於地下的碳透過化石燃料的燃燒釋放到大氣，這
是溫室氣體的重要來源。然而，溫室氣體還有一個鮮為人知
的來源，就是傳統農牧業。

人類在 1 萬多年前才開始務農，大部分地方的農業歷史
只有數千年，在此之前，大地被原始森林覆蓋。1 萬年前，
陸地表面有一半被森林覆蓋，如今，森林面積僅有當年的三
分之一。春秋戰國時期，中原地區森林覆蓋率仍然有 53%，
明清時期下降到 4%。可以說，毀林造田這個過程貫穿人類
古代文明史。

在原始森林中，碳是樹木的重要組成部分，去掉植物的
水分，餘下的部分，有 38% 是碳。科學家估計，全球的碳有

46％儲存在森林中。在森林生態系統內部，落葉、殘枝和死亡樹木就地腐爛後，碳透過微生物進入土壤層裡，又透過有機酸的形式被其他植物吸收。

如果野生動物以植物為食，就會把碳轉移到體內。不過它們的生活範圍很小，死亡後，身體中的碳就地成為土壤有機質的一部分。

對於一片土地而言，大量的碳便這樣不斷循環。而數千年的毀林過程，首先會釋放掉植物本身儲存的碳。古人墾荒使用刀耕火種，經常放火燒山，近代農民以樹枝和秸稈為燃料，也在釋放二氧化碳。

同時，一片森林被砍伐開墾成農田後，死亡植物的總量銳減，土壤有機質中的碳也會大大下降。一項統計表明，當森林變成農田後，土壤中的碳會下降25％，0～20公分內的耕作層中，碳存量更是會下降40％。古人不斷毀林造田的重要原因，就是農田土壤肥力下降，需要再開墾新的農田。

傳統農業是這樣，傳統牧業也如此。在中國內蒙古錫林河流域，最近40年由於過度放牧，已經使0～20公分表層土壤中的碳存量下降了12.4％。

溫室氣體不僅有最著名的二氧化碳，還有不太知名的甲烷和二氧化氮。就溫室效應來說，二氧化氮是二氧化碳的250倍，甲烷也是二氧化碳的25倍左右。農田不僅排放出每年二氧化碳釋放總量的12.5％，更排放出甲烷總量的50％，

二氧化氮總量的 60%。

　　從歷史角度來看，毀林開荒，是人類對生態系統最大規模的破壞。當今，隨著科學技術的發展，人類可以在保證營養的前提下退耕還林，或者退耕還草。這樣做的一個重要結果，就是不再奪走土壤中的碳，讓它們就地循環下去。

　　在西元 1990 年～ 1995 年間，開發中國家損失了 650 萬公頃森林，同時已開發國家恢復了 88 萬公頃森林。可見，提升農業科技是退耕的前提。從良種、水利、高效化肥等多個角度，提高農田單產，才能壓縮農田總面積。

06「富貴病」確實存在

　　貧窮年代，人們普遍營養不良、患結核病或者傷口感染，整體壽命徘徊在 30 歲左右。如今社會普遍富裕之後，這些病症大大減少，但另外一些疾病的比例卻上升了，我們通常把它們稱為「富貴病」，意思是由於經濟水準提高，而發生率增加的疾病。

　　富貴病增多了並非只是人們的錯覺，這一現象確實存在。最近，中風成為富貴病家族的新成員。中風分為兩種，一種是血栓型中風，一種是出血型中風。研究表明，隨著社會財富增加而增加的是前者，貧困則多引起出血型中風。

　　不過，中風的發生率雖然增加了，中風後的死亡率卻一直在下降。於是，我們更多地在街頭看到中風後努力恢復運

動能力的病人。然而，患過中風的人更容易復發中風，由於從中風裡搶救過來的病人在增加，中風復發者的數量也在增加。同時，對中風倖存者的康復服務需求也在增加。

研究人員認為，導致中風的很多風險，都與生活富裕有關，包括「三高」和肥胖。不過，財富與疾病之間有個仲介，那就是人類行為，畢竟財富並不能直接侵害人體，所有這些病都是吃出來的。

不過，除了直接由不良生活方式引發的富貴病之外，癌症也是一種變相的富貴病。這是一類中老年多發症。以前由於人均壽命低，大部分人活不到罹患癌症的年紀，就會死於肺結核、麻疹甚至重感冒，現在，廣泛存在的醫院已經可以挽救不少年輕人，把人均壽命提高到癌症的好發年齡上。

同理，阿茲海默症也是典型的富貴病，它俗稱老年痴呆，在「人活七十古來稀」的年代裡，能熬到患這種病的老年人非常少。

在西方電影裡，經常會看到有人抱著治療哮喘的噴霧劑。哮喘也是典型的富貴病，幾乎在所有已開發國家，哮喘的發生率都在上升。中國成年人哮喘發生率是 4.2％，美國成年人達到 8％。尤其是兒童哮喘，過去幾十年在已開發國家呈上升趨勢。

這些國家有更好的公共衛生條件，使用了更多的消毒液和日用化學製品，整體上更乾淨。然而，倘若兒童小時候接

觸細菌的機會少，以後就更容易患上哮喘。這種觀點叫「衛生假設」，是解釋這一現象的主流理論。

富裕是把雙刃劍，消滅一部分疾病的同時，又會增加另一部分疾病，所以我們一定要綜合了解財富與健康的關係。

第八章
資源新天地

我們要為子孫後代留一些資源。

這種觀念非常流行。它出發點很好,不過,資源是技術的結果。兩百年前,海灣地區只有椰棗和珍珠兩種資源,石油則毫無價值。一百年前,中國也不存在稀土資源,當時世界上還沒有利用它們的工業。

每代人真正該做的是提升技術,為子孫後代開發新資源。這就是本章的內容。

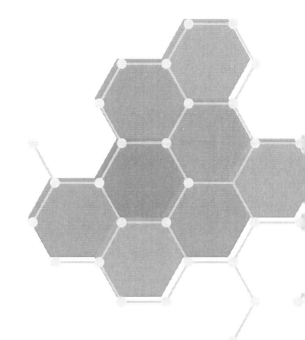

01 地下還有「化石水」

利比亞是個面積 175 萬平方公里的國家，不過絕大部分國土是沙漠，只是在沿海幾小片地區生活著 650 萬人，適合農業種植的土地，只占國土面積的 5%。由於河流和降雨都很少，海水淡化成本又高，利比亞需要大量使用地下水，水在這裡的價值勝過石油。

1950 年代，石油探勘人員在撒哈拉沙漠下面，發現了奇特的資源 ── 化石水，總共 1 萬多立方公里。這種水是遠古時代地質活動後遺留，並封閉在地下的，它們不像別處的地下水那樣參與全球水循環，用掉一些還可以由雨水來補充，它們完全是古代水體的「化石」，屬於不可再生資源。

最初，利比亞政府想讓居民搬到化石水資源附近，不過那些地方條件惡劣，人們不願意搬過去。於是西元 1984 年開始，利比亞用賣石油賺來的錢打造「天河」工程，相繼投入近 200 億美元。

他們製造了巨大的水泥預製管，每根長 4 公尺，直徑 4 公尺，一節節放入地下並且密封，形成總長 4,000 公里的網管線。若是單純從長度計算，這是全球頭號灌溉工程。網管建成後，他們用高壓水泵把沙漠下面的化石水抽出來，存入地面上的水庫，再向用戶送水。

依靠這些化石水，利比亞硬生生地在沙漠中開闢出農

田，每處都以一個機械灌溉點為中心向四周輻射。於是農田就呈標準圓形，從空中俯瞰，像是黃沙中的一張張綠色圓餅。

地質學家很早就知道化石水的存在，但這是人類第一次使用這類新資源。「天河」工程的成功，也為周邊各國樹立了榜樣，因為不止利比亞一國擁有這種資源，沙烏地阿拉伯的首都利雅德，就曾經使用過當地的化石水，只是由於水位下降，才更多地改用海水淡化。

單就化石水而言，世界儲量最多的不是利比亞，而是加拿大。不過，加拿大本身就是全球人均水資源最多的國家，完全不用開發化石水。

以國家而論，中國的水資源總量排在巴西、俄羅斯和加拿大後面，位列世界第四。雖然水資源總量並不少，可是中國人口多，經濟活動旺盛，目前用水量已居世界第一。中國國內水資源分布也相當不平衡，華北、西北都是長年處在乾旱、半乾旱狀態，導致中國自古以來就興建了大量引水工程。

中國有沒有化石水呢？現在已經發現了兩處。不過，化石水屬於不可再生資源。中國淡水雖然缺乏，但透過技術升級，還有很多其他水源予以補充，所以暫時不需要開發這部分資源。

02 地熱也是新資源

我們腳下最大的能源是什麼？不是煤、石油和天然氣，而是地熱能。

地球深處是熾熱的，大家都知道。目前國際上以 5,000 公尺為極限，把比這個深度淺的地殼裡蘊藏的熱能視為資源。更深的地方當然更熱，只是開採成本過高，失去了經濟效益。

地熱資源按照其性質分為蒸汽型、熱水型、地壓型、熱岩型和岩漿型。以人類現有的技術條件，只能利用前三種，後兩種地熱資源屬於未來。如果有一天，人類能夠運用岩漿所儲存的地熱能，地熱資源的範圍就擴大了許多，但這至少要打出上萬公尺的深井，難度已經不亞於登陸月球。

地熱遠比石油普遍，卻需要一定的載體將它帶上地面供人利用。目前水是最好的地熱載體。人們或者直接引出地層深處的熱水，或者從地面向下輸水，讓它變成蒸汽冒出來供人利用。

在古代，生活在溫泉附近的人們用溫泉來加工食物，這便是對地熱最原始的利用方法。工業化利用地熱開始於冰島，西元 1930 年，那裡建成了地熱供暖房間。後來，蘇聯等高緯度國家也建立了地熱系統。

中國位於高寒地區的國土不算多，在地熱開發上並不算早。不過中國後來居上，在西元 2000 年成為全球地熱發電最

多的國家，現在每年還有 10% 的增幅。

若是用地下的高熱蒸汽帶動發電機，就可以建造地熱電站。世界上第一座地熱電站是義大利的拉德瑞羅地熱電站，已經建成了一個世紀。中國西藏羊八井地熱電站提供了拉薩45% 的電能，是全球唯一使用中溫淺層熱儲資源的電站。

用地熱發電，可以透過輸電線路把能源送到遠方，是最經濟的地熱資源利用形式。無奈的是，大部分地熱資源只能以熱水為載體被人類利用。

由於地熱資源分布不均，人們把地熱資源多的地方叫做地熱田。另外，地熱這種資源如果不是用來發電的話，就不能離使用地太遠。要麼是提取地下熱水，要麼是灌入冷水，在地下被加熱後取出，這兩種方式都只能自取自用，無法用管道輸送到遠方。

也因為絕大部分地熱只能用抽熱水的方式使用，而不能發電輸送到遠方，所以只有大規模建立地熱電站，才能大量替代化石能源，減少汙染。

這個遠景的實現，只能寄希望於大家了。

03 有機肥料重返土地

以前每逢冬天，農村田地裡都能看到成片的糞堆。那是農民在漚製農家肥，也就是從公廁裡掏出來的糞便。它們需要堆起來發酵，再施入田地。

　　與化肥相比，農家肥功效緩慢，體積和重量都很大，一噸綠肥只相當於 13.6 公斤尿素，所以使用農家肥是一項繁重的勞動。農家肥也是傳染病的重要來源，會傳播大腸桿菌和線蟲。此外，發酵不足的農家肥會損害植株的根部，酸化土壤，產生甲烷和氨等有毒氣體。更重要的是，隨著城市化進程的發展，農家肥的來源越來越少。

　　在漫長的小農經濟時代，絕大部分人都過著自種自食的生活，農產品基本不外運，養分在循環中回到土地。現在，大部分人口進入城市生活，農村的農產品主要銷往外地，再把城市裡的糞便都運回農村變成農家肥，不具有可操作性。

　　綜合這些問題，農業已經離不開化肥。然而，如果長期只施用化肥，會導致土壤結構變差，有益微生物數量減少，土壤品質下降，並對化肥產生依賴 —— 只要停用化肥，產量就明顯下降。另外，化肥本身也是汙染源，經過雨水沖刷進入水體，在江河中彙集，形成的硝酸鹽等物質，會影響生物健康。

　　不過，如今提倡生物肥料，不是讓農民趕著糞車掏廁所，而是用工業方式加工生物肥料。這種生物肥料的來源包括畜禽糞尿、作物秸稈、蔬菜廢棄物、釀造行業廢棄物、園林廢棄物等。以前，農民單純依靠手工勞動，沒有能力完全加工這些資源，它們不是被焚燒，就是被排放，本身構成汙染。

　　現在，它們都成了生物肥工業的原料。都市生活垃圾、

工業廢料和農作物秸稈經過分揀、粉碎和發酵等流程，在工廠裡變成無汙染、易吸收的綠色複合肥料。它們是液劑、粉劑和顆粒，裝在瓶瓶罐罐裡送到農村，既保持傳統農家肥的優點，也避免了其缺點。甚至，海藻和雜魚等原料都能製造成生物肥，進入農業的營養循環。

展望未來，工業化的生物肥料前景廣闊。

04 新型礦藏超出想像

提起礦產，一般人只會想到煤礦、鐵礦或者金礦。當然，對國計民生有重要價值的，還有另外幾十種，隨著科技水準的提升，人們也開始關注某些非常罕見的礦藏。

建核電站少不了鈾。主流觀點認為，自然界沒有金屬鈾，只有它的化合物。但是，北京地質研究院院長李子穎，恰恰發現了天然金屬鈾。

西元 2015 年，李子穎帶領團隊使用了光電能譜法，分析廣東省北部的熱液鈾礦，獲得了這個神奇的發現。李子穎認為，鈾在地球深處或許就是游離態，當它們升向地表時，不斷與氧結合成化合物，不過仍有部分鈾保持金屬態，只是在此之前，全球都沒有發現天然金屬鈾。

中國青海給人的印象，一直是偏遠且落後，經濟發展緩慢。如果今後幾年青海經濟飛速發展，請不要驚訝，因為當地有一種礦藏的價值越來越高，那就是鋰礦。

青海當地鹽湖遍布，一直是重要的工業基地，從鹽鹵水中提取鋰，早已是成熟技術。青海的鋰礦儲量有多少呢？據說達到了全球的六成！

但是在電腦和手機普及前，鋰的用途十分有限。那時候青海的鋰鹽礦藏，就像一百年前中東的石油，只能算一種潛在資源。只有在電腦和手機進入千家萬戶，鋰電池使用量大大增加後，青海鋰礦才換來了更多的真金白銀。

這幾年又出現了一個用鋰大戶，那就是電動車。尤其是這個行業創造出世界首富以後，越來越多的資金蜂擁而入，同時也帶動鋰電池行業突飛猛進。坐擁全球過半鋰資源的青海，有可能成為未來的中東。

有化學常識的人都知道，鋰非常活躍，容易爆炸，長途儲運很困難，所以，如何把鋰從這個遙遠地方運出來，是這個行業需要解決的一大問題。西元 2020 年，青海省的鋰第一次出口到日本，代表著這個問題初步得到解決。

瀝青不算稀罕物資，大家都見過。不過，鋪路時多使用以石油為原料加工的人造瀝青，天然瀝青就比較少見了。天然瀝青多加入石油瀝青提升凝聚力，用於高等級公路和機場建設，並且天然瀝青幾乎不含毒素，這點上優於人造瀝青。可惜，目前全球瀝青資源，多集中在美國北部和俄羅斯西部而已。

05 太陽能不再用板發電

　　每年地球接收的太陽能，相當於人類能源消耗的 200 倍，這是天文數字般的可再生能源。不過，現在的太陽能發電，需要用矽材料製造堅硬的太陽能電池板，再把它們豎起來，排列成陣，工藝複雜，成本高，重量大，而且還易碎。這些缺點制約著太陽能發電的推廣。

　　其實，製作太陽能電池不一定必須要用笨重的板材，科學家一直在研究柔性太陽能發電材料。其中之一叫做聚合物，它可以噴塗在衣服、塑膠和紙張的表面，製成柔性太陽能電池，既能捲起來帶走，又能展開來使用，運輸和安裝更加方便。

　　與太陽能電池膜相比，用大腸桿菌發電可能腦洞更大。大腸桿菌中含有茄紅素，茄紅素能大量吸收可見光。將茄紅素與光電材料混合起來，就能提高光電反應效率，這樣製成的電池板，在陰天也可以靠太陽能發電。不過，要把茄紅素從細菌裡提取出來，整個過程既複雜又昂貴，還必須將細菌殺死，缺乏實用價值。

　　加拿大不列顛哥倫比亞大學發明了一種新技術，讓這些色素留在細菌體內，再在大腸桿菌表面塗一層半導體礦物質，然後把這種混合物製成太陽能電池的陽極。

　　大腸桿菌有著驚人的繁殖力，每 20 分鐘就分裂一代。一個大腸桿菌 24 小時內產生的後代，理論上能覆蓋整個地球表

面，只不過受限於環境中的營養條件，不可能繁殖這麼多。但如果出於工業目的，人為地培養大腸桿菌，仍然可以經濟地生產出很多。相比之下，製造矽太陽能電池板，則是一個高消耗的產業。

另外，普通太陽能電池板需要更好的光照，所以現在的太陽能電站多在荒野戈壁上鋪設，遠離使用地，需要再鋪設很長的電網。而這種細菌電池可以將散射光也轉化成電能，生物太陽能電池板便可以鋪在用戶所在的住處表面，輸電功率大大提高。

這些新型材料統稱為非矽基太陽能電池板。目前，它們的缺點在於有效時間很短，有的只能使用幾十個小時，僅僅能在實驗室裡演示。為解決這個缺陷，美國麻省理工學院的科學家，直接從植物中提取光合作用的蛋白質，再將其與磷酸酯、奈米碳管等材料混合，製造出能自我修復的生物太陽能電池，這樣便能實現持續發電，並且光電轉換效率甚至可以達到 40％，而商業化的矽太陽能電池板，也只不過為20％。

影響太陽能發電普及的因素還有一個，就是矽材料只接收太陽光譜中可見光部分的能量。在太陽光譜中，可見光占46％，近紅外線占44％。光電轉換率能不能提高，和能不能轉化紅外線有直接關係。於是，科學家在這個領域的主攻方向，就是讓太陽能電池也能吸收紅外線，這樣，即使把它擺

到火爐旁邊都能發電。希望這種神奇的太陽能電池，可以誕生於你們手中。

06 細菌就能製造能源

細菌現在已經成為能源工業的重要幫手，它們能做的不僅僅是製造太陽能電池板，有的細菌還能把尿液製作成火箭燃料！

當然，這個過程並沒有聽上去那麼誇張。這種火箭燃料叫做肼，又稱聯氨，是液體火箭中的常用燃料。現在以化工方法製作肼，本來也需要以尿素為原料，不過它們並不來自於收集起來的尿液，而是工業尿素，用氨氣和二氧化碳合成。

1990 年代，生物學家發現了一種厭氧氨氧化菌，它們能夠將天然尿液中的銨轉化為肼。荷蘭奈梅亨大學的微生物學者，在實驗室裡完成了整個流程。與現有的化工工藝相比，細菌轉化法幾乎不耗能，產生的汙染物也少得多，整個過程成本極低，只不過目前產量不高，有待於進一步優化。

氫氣是一種清潔能源，但要製取它，本身就需要很多能量。而把某些細菌和水放在一起，就能在不額外消耗能量的情況下製造氫氣。

美國賓夕法尼亞州立大學的環境工程師們製造出一種裝置，一部分存放特殊細菌，另一部分存放鹽水。兩者混合起

來，細菌就能加工鹽水，釋放氫氣。現在這種裝置還只能在實驗室條件下工作，並且細菌本身形成的代謝物也會影響產氣量。等這些難題都解決後，人們會在金屬罐子裡像釀啤酒一樣生產氫氣。

那麼，這些能夠生產氫氣的細菌來自哪裡？豆科植物是一大來源，它們有固氮酶，在固氮的同時會釋放氫氣。全球豆科植物一年能釋放 4 億公斤氫氣，只不過難以收集而已。另外，河底的淤泥也是重要原料，那裡面有許多種細菌，科學家透過分離和培養，從中得到了不需要光照的產氫細菌。

畜牧業每年產生的糞便，如果把它們簡單排放到環境中，就是巨大的汙染源。隨著畜牧業由一家一戶的形式向養殖場規模轉化，畜禽糞便更容易集中處理。所以，科學家嘗試用各種方式將它們變成燃料，其中之一就是微生物方法。其實，以糞便為原料的沼氣技術，本身就在使用微生物。

更新的技術則是微生物電池，它的陽極塗有微生物，微生物透過代謝作用，氧化糞便原料從而釋放電子。如今，這種微生物電池已經投放到養豬場和養牛場，用於處理生物廢水。在常溫下，它們僅需保持通風就能運轉，耗能極少。

畜禽糞便同樣可以透過細菌產生氫氣，僅需適當的光照即可，未來有可能成為氫氣的主要來源。

07 新型能源將會令人大開眼界

如果幾百年前的人穿越到現在，一看到太陽能電池板，會認為那是種魔法，光電效應完全超出他們的想像力。那麼，未來會有哪些突破我們想像的新能源呢？

地下水電就是一種新能源。地下水電站直接建立在溶洞中，利用地下水資源發電。不過要建設地下水電站，必須先搞清楚地下河的流向。

而建造地下水電站既不會淹沒農田，也不用遷走任何居民，對環境的破壞極小。由於沒有多少生物生活在地下環境裡，它也不會大規模地破壞生態系統。只是地下水系都不是大江大河，資源有限。

現代社會以前，人們以柴草為燃料，主要是焚燒秸稈，這是人類最早使用的燃料。今天，人類無法使用的野草和灌木、農作物秸稈、鋸末、城市園林中清理的廢樹枝和掉落的樹葉，所有這些植物體加起來是個天文數字，而它們都以纖維素為主。

早在 19 世紀，就有人提出用纖維素製造酒精，將搬運柴草改成搬運酒精燃料，燃燒時也不會再冒黑煙，造成汙染。更重要的是，這些纖維素年年由大自然生產出來，是很好的可再生能源。

美國和蘇聯都建過此類生產廠，可是纖維素製酒精的成本相當高，現在人們主要用玉米等農作物製造酒精，這就會

占用良田。雖然玉米是可再生資源，卻需要大量淡水才能種植。這種糧食燃料每增加 10 個百分點，全球淡水使用量就會增加六七個百分點。

現在，科學家用基因工程培養出的新型細菌，來生產乙醇燃料，而原料則是雜草、灌木和農作物秸稈。這些本來毫無用途的東西，被農民收集起來賣給燃料工廠，既環保也能增加收入。

不過，與用氫彈發電的技術創想相比，上述這些新能源都會黯然失色。氫彈能製造出人類歷史上最大的瞬間功率，用於和平用途豈不美哉？西元 1977 年，蘇聯科學院院士薩哈羅夫就提出氫彈發電的設想。具體方法是，先在地下岩體裡挖掘出一個直徑大約 100 多公尺空腔，厚厚的岩層能阻止爆炸的能量破壞地面。然後注入幾萬噸金屬鈉，再在裡面爆破一顆微型氫彈，只需要幾萬噸甚至幾千噸當量。

氫彈爆炸後，金屬鈉被氣化，透過管道匯出地下洞穴，推動氣輪機發電。這些氣體從另一端導回地下洞穴，冷凝成固體，然後重新引爆一顆微型氫彈，如此循環。

據計算，每天爆炸數枚氫彈，就能維持一座發電站正常運轉。氫彈現在有多貴？最便宜的氫彈才 100 多萬美元，相當於 1,000 多噸煤的價格，發出的電遠遠超過同等價值的煤炭。

第九章
技術新尖端

　　一名好射手既要有良好的眼力，也要有強勁的臂力。前者用於發現目標，後者用於實現目標。

　　在科技共同體中，科學負責發現自然規律，技術負責運用這些規律為人類造福，它們就相當於眼與手的關係。世界需要愛因斯坦，也需要愛迪生和特斯拉。那麼，未來的愛迪生和特斯拉會誕生在哪些領域？本章就和大家探討這個問題。

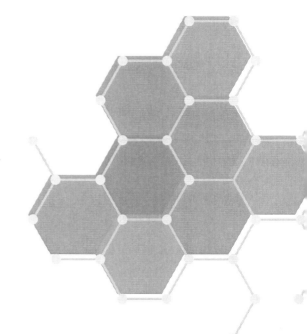

01 鑽石可以「長」出來

要是單論價格，鑽石堪稱寶石之王，不過早在 18 世紀末，科學家就發現它的成分只是尋常的碳而已。一個世紀後，科學家又發現石墨同樣是碳的另一種形態。從那時起，人們便嘗試著製造鑽石，確切地說，這種材料叫做人造金剛石。

天然鑽石產生於地層深處，那裡的高溫高壓將碳變成鑽石的形式，由於地質運動，這些鑽石翻上地面，形成礦藏。所以，高溫高壓是人造金剛石的基礎。西元 1955 年，美國發明出人工金剛石製造技術，當時需要上千攝氏度的高溫，以及 5 萬個大氣壓。

即使這麼嚴酷的條件，製造出來的金剛石也只是粉末，所以它還無法搶走天然鑽石的行情。目前，商業用人造金剛石粉的顆粒都少於 1 克拉，比不上天然鑽石。

西元 2010 年，日本愛媛大學製造出直徑 1 公分的鑽石，不僅尺寸大於天然鑽石，強度還更高。天然鑽石受晶體結構的限制，雖然硬，卻非常脆。許多寶石都能加工成球形，可是從未有過球形的鑽石首飾。愛媛大學人造金剛石的晶體結構發生了改變，已經能夠被加工成直徑達 1 公分的球形。不過，這項技術只是在實驗室演示階段，還沒有投入工業化生產。

現在，世界金剛石產量最高的國家，並非戴比爾斯公司

所在的南非，而是中國。中國每年要製造 200 多億克拉的人造金剛石，總品質也就 4,000 多噸，不過，這已經是全球人造金剛石的九成！

人們一直希望在常溫常壓下，把幾種原料配在一起就能化合出金剛石。美國卡內基學會的蒙宇飛，使用化學氣相沉積法，在低壓環境中生成了 10 克拉以上的鑽石，速度也比用高溫高壓法快得多。這種鑽石不是壓出來的，而是「長」出來的。蒙宇飛認為，他們的方法只需要常壓環境，只要加大反應艙，就能加工出更大的金剛石。

西元 2017 年，德國科學家用「生長法」製造出一顆直徑達 92 毫米的金剛石，大致相當於手掌的寬度，這是目前人造金剛石的紀錄。

為什麼要製造更多更大的金剛石？並不是為了在珠寶市場上搶風頭，而是為了工業目標。金剛石不僅是世界上硬度最高的物質，而且在聲學、光學等方面都極具價值，只是因為產量低，不少用途受到限制。

工業上主要利用金剛石堅硬和耐磨的特性，製造各種刀具。1980 年代，當金剛石產量上升後，它又被用於製造鑽頭，對付地下岩層。金剛石鑽頭渾然一體，沒有活動部件，簡單耐用，在鑽探行業大受歡迎。

金剛石還有很多非機械性的價值，用於這些領域的金剛石又叫功能金剛石。常溫常壓下「長」出來的金剛石，多為

功能金剛石。它們可用於製造電晶體、高能粒子探測器、量子通訊裝置,是許多精密儀器的重要部件。

02 矽谷或許成追憶?

電腦必須有晶片,而晶片必須用矽來製造。不久以後,這個局面有望得到改變。

西元 1965 年,英特爾公司的創始人摩爾(Gordon Earle Moore)發現,積體電路能容納的電晶體數目,每過 18 個月到 24 個月就會增加一倍。這個規律延續了幾十年,被稱為摩爾定律,它預示著電腦算力不斷增加的美好前景。

然而如果一直用矽做晶片,摩爾定律很快就要到頭。因為矽晶片運轉時會產生很高的熱量,矽的密集度越高,產生的熱量越大。西元 2001 年,英特爾副總裁派特就認為,若是晶片的溫度按當時的趨勢上升,西元 2005 年就會超過核反應爐,西元 2015 年將達到太陽表面的溫度。今天的晶片雖然還沒這麼恐怖,但是散熱已經成為難題。

首選替代材料可能是奈米碳管,IBM 公司一直希望它能代替矽成為晶片的基礎。同出一門的石墨烯也是良好的感測器材料。不過到目前為止,科學家還無法在實驗室裡將這兩種材料的尺寸,達到能加工晶片的程度,現在只能用石墨烯改造晶片裡的銅線,提升其導電性能。

與石墨烯和奈米碳管一樣,鑽石也由碳元素構成。美國

加州大學的艾維薩洛姆發明了一種技術，將氮原子注入鑽石表面的微型小孔，這種充氮鑽石的資訊儲存量，是矽晶片的上百萬倍，運算速度也能達到矽晶片的幾十倍。

這種充氮小孔只有原子尺度大小，一秒鐘就能注入 4,000個。雖然鑽石十分昂貴，但是這種加工技術卻不貴，所使用的設備都能在網上買到，幾個學生就能操作。

充氮鑽石如何能代替矽？在電腦裡，資訊由一連串的「0」和「1」儲存。在充氮鑽石裡，資訊儲存在多餘電子的旋轉狀態中，而電子的旋轉狀態要比「0」和「1」這兩個狀態多得多，資訊量相對也就大得多。

這種用鑽石製造的電腦，當然進不了一般人的家裡，不過它有助於製造超級電腦，解決科學上複雜的計算問題。現在的超級電腦都是長長的機櫃，使用時產生大量的熱，這種鑽石晶片電腦將會小巧許多。

傳統金屬錫也成為晶片材料的熱門備選，不過這裡用到的錫，並不是一般的錫，而是以奈米技術加工的單層錫。美國史丹佛大學的張首晟團隊，開發出的這種新材料，首先是作為導線連接矽製部件，以後會越來越多地替代矽，成為微處理器的基礎。

另一種可以製造晶片的材料是 DNA，而且就是人體內部的 DNA。美國北卡羅萊納州立大學的化學家戴斯特，嘗試用人體 DNA 進行邏輯門操作。

DNA 本身就是資訊載體，一直有人設想用它進行邏輯運算。不過，這類實驗都是把 DNA 從活細胞裡提取出來，放到試管裡進行。戴斯特在人體細胞裡替 DNA 製造出邏輯門，讓它們具備初步計算能力。不過，這項技術並非用於製造電腦中的晶片，而是為了讓這些微型活電腦識別 RNA，開發疾病診療新方法。

今天的晶片製造中心稱為「矽谷」，以後可能就會被「錫谷」或「碳谷」所代替。

03 駭客將能攻擊人體

現在的駭客只能攻擊電腦，將來他們有可能攻擊人腦。不過，這並非是駭客自己發明了什麼新型黑科技，而是人腦正在被連接到各種網路終端上，間接提高了它被直接攻擊的危險。

在腦與設備之間實現直接連接，這種技術叫做腦機介面。這個概念你可能剛從馬斯克（Elon Reeve Musk）的嘴裡聽說，不過它已經誕生了很長一段時間。1990 年代，科學家就用猴和貓進行了腦機介面實驗，讓牠們控制機械手。

西元 2006 年時，人類可以透過腦機介面控制滑鼠。在西元 2014 年巴西世界盃的開幕式上，一位全身癱瘓的患者利用腦機介面，讓機械腿開出第一球。

目前，腦機介面只能透過收集腦電波等生理信號控制設

備，所以它是單向的，不用擔心被駭客入侵。但是在將來，這種介面會實現雙向資訊聯通，設備資訊也能直接進入人腦，那時候，人腦被駭客入侵的危險，也就隨之而來了。

現在的腦機介面還只是收集腦電波的帽子，用完即摘，不過醫學家已經發明出內置於大腦深處的電極，用於治療帕金森氏症。另一些醫學家發明出無線遙控假肢，醫生可以遠端遙控它，從而幫助病人。這些新設備不再隨用隨戴，而是被埋設在人體內，這也增加了人體遭受駭客攻擊的危險。

這就好比銀行，過去都把錢放在保險庫裡，盜賊必須設法打開它才行。而當銀行業務可以在網上操作後，駭客坐在家裡就能截取金錢。美國華盛頓大學專門研究電腦安全問題的專家大倉河野認為，5 ～ 10 年之內，這種威脅就會成為現實。

用電腦直接攻擊他人，損害其健康，這種事情並非沒有發生過。早在西元 2007 年，就有人惡意攻擊癲癇救助網站，把快速閃動的動畫發送到該站的網頁上，這種圖片能夠誘發一些病友的癲癇症狀。

在科學界，往腦部植入任何設備，都涉及倫理問題，會有嚴格的審查，大規模運用的時代更是尚未到來。但同時一些工程師也認為，現在就得著手研究人腦的安全問題。

相對於尚未普遍接入電子設備的人腦，人體其他部位更容易遭受攻擊。這是因為很多電子設備都已經被植入人體，成為常規治療方法。

胰島素幫浦是一種控制糖尿病的設備，在輸液端埋入皮下，由系統控制來注射胰島素。西元 2011 年，資訊安全專家就使用駭客技術，在 90 公尺的距離外控制胰島素幫浦，使其注射出危險劑量的胰島素。幸好這只是一次安全測試，否則便替凶殺提供了一種新方法。

心率調整器也是一種可以由無線電控制的體內設備。同樣是在安全測試中，駭客可以遙控心率調整器任意加速或者減速。美國前副總統錢尼（Dick Cheney）就使用心率調整器器，鑒於有可能遭遇駭客攻擊，他的醫生還專門關閉了調整器的無線控制功能。

04 人或許真能學鳥飛

人類早就征服了天空，不過卻只能縮在擁擠的金屬盒子裡飛上天。而人類最初做飛行夢時，想的卻是像鳥那樣展翅自由飛行。

這種設想叫做撲翼機。古希臘有個伊卡洛斯的神話，講的是他父親用蠟把羽毛黏成人造翅膀，靠雙臂振動，人便能像鳥那樣飛起來。伊卡洛斯飛得太靠近太陽，蠟被烤化，翅膀上的羽毛散開，他便墜海而死。

這便是有關撲翼機的早期設想。進入中世紀，英國、法國、阿拉伯和土耳其，都有人做過人力驅動的撲翼機實驗，培根（Francis Bacon）和達文西（Leonardo da Vinci）等人

都繪製過撲翼機圖紙。他們設想讓人俯臥在撲翼機中部，雙手透過前面的橫杆帶動人造翅膀，像划槳一樣扇動空氣來飛行。

不過，人的肌肉力量和心血管能力，無法扇動人造翅膀飛起來，發明家們又想製造以機械為動力的撲翼機。西元1878 年英國倫敦博覽會上展出的撲翼機樣品，就配有蒸汽機，當然，蒸汽機很重，這架樣品無法飛上天。

要類比鳥的飛行模式，需要比身體大得多的翅膀，需要強大的動力去扇動它。鳥的肌肉可以完成這項工作，卻沒有哪種發動機能扇動人造翅膀。

西元 1906 年，萊特兄弟（Wright brothers）成功試飛，他們的飛機機翼是固定的，稱為固定翼飛機。從那以後，固定翼飛機的速度和運載量大幅提升，撲翼機便陷入絕境。當然，撲翼機也有固定翼飛機不具備的優點，包括不需要起飛場地、可以空中懸停、迅速轉彎等，但是後來誕生的直升機也具備這些優點，所以在直升機發明後，人們便徹底斷了製造撲翼機的念頭。

不過，隨著科技進一步發展，人造翅膀可以變得很輕，動力系統也逐漸強大，一些人又開始重新研製撲翼機。加拿大多倫多大學的德勞里埃教授，便在西元 1996 年製造出一架載人撲翼機，還進行過試飛。

法國居禮大學的研究人員用電腦設計出一種撲翼機方

案。它不載人，能以每秒 10 公尺的速度飛行，實際上是一隻模型鳥，或者叫鳥狀的微型無人機。

目前，有的撲翼機模仿鳥類低頻率扇動翅膀，有的則模仿昆蟲高頻率扇動翅膀，它們都是無人機，而且都已試製出樣機，只是距離實用還有些距離。

不過，能載人長時間留空的撲翼機，還沒有被發明出來，更關鍵的問題是缺乏社會需求。現在想快速飛行有固定翼飛機，想機動靈活有直升機，為什麼還要多此一舉發明撲翼機呢？不過，將來很有可能會出現某種特殊需求，那就是巨型大樓之間的交通問題。

隨著人口進一步向超級城市集中，超高層建築群也將大量出現。人們往往要從幾十層樓乘電梯降到一樓，走進另一幢樓，再乘電梯上到幾十層。當幾十幢超高層建築聚在一起時，這樣的交通方式會變得非常不便。而使用小型撲翼機，在相隔上百公尺甚至幾十公尺的大樓間通勤，會成為一種實際需求。

05 飛艇有望重回天空

西元 1937 年 5 月 6 日，全長 245 公尺、時速可達 135 公里的興登堡號飛艇，在美國紐澤西州萊克赫斯特著陸時燃起大火，36 人死亡。這場災難為當時還能與飛機勉強競爭的飛艇畫上了句號。

飛機壓倒飛艇，是人類追求「更高更快更強」所產生的結果。如果以「夠用就好」為原則，飛艇實際上是一種性能十分優良的「低科技」飛行器。在今天這個提倡環保意識的時代，飛艇不需要用速度形成升力，能節省大量燃油；在沒有路的地方，飛艇運輸顯然更方便；某些旅遊項目，比如載客飛臨大峽谷觀光，飛艇也比飛機更合適。

　　儘管飛艇比飛機大得多，它卻不需要興建龐大的機場系統。當年帝國大廈建成時，樓頂就用於繫泊飛艇。

　　不僅如此，飛艇的安全性能也是飛機無法相比的。當年令興登堡號飛艇葬身火海的是氫氣，而今天的飛艇都使用氦氣，外皮所使用的材料與當年也不可同日而語，不僅更輕便，而且更堅韌。

　　內部空間大也是飛艇的優勢。當年興登堡號飛艇有臥室、浴室、廚房和餐廳，遊客聽著優雅的鋼琴演奏用餐。換成飛機的話，即使是美國總統專用的「空軍一號」都沒有這麼奢侈的空間。

　　飛艇分為軟式、半硬式和硬式三種。當年的興登堡號飛艇是硬式飛艇。現在，空中只有軟式飛艇承接旅遊、廣告等活動。

　　不過，英國一家公司設計出了一種豪華旅遊硬式飛艇。這種飛艇燃燒氫氣，十分環保。時速雖然只有 145 公里，還不如高鐵快，卻擁有公寓、酒吧等豪華設施。客艙底部還裝有鋼化玻璃，遊客們可以站在那裡俯視大地，獲得天宮般的感覺。

　　美國人則準備用相當於 B-2 轟炸機上幾支起落架的錢，去製造另一種空中武器——名叫「攀登者」的同溫層飛艇。這種飛艇可以在空中升到 30～50 公里高處，監視一大片地區，目前任何防空武器都打不到那麼高。如果用來監控沒有現代化武器的恐怖分子，這種飛艇更具有無比的優勢，只要放幾艘飛艇在天上，敵人一露頭就會被發現。這種無人飛艇甚至可以攜帶武器發起進攻。它的價格優勢巨大，不僅 B-2 轟炸機不能比，就是無人機全球鷹都比它貴。

　　美國軍方還準備研製另一種更大的飛艇，它的原型機已經能在空中飛一個月，而最終目標是持續飛行一年不著陸！這等於就是半永久性的空中監視哨。倘若用於民用領域，比如在近海投放幾個，便可以在高空監測所有熱帶風暴，提供比氣象衛星更詳細的資訊。

　　舊技術未必不能換新顏，如今火爆一時的電動汽車，其核心技術早已被發明出來，並且在七八十年前曾被內燃機汽車逐出市場。那麼，幾乎同時被逐出舞臺的飛艇，能不能再回來呢？

06「天空之城」終現藍天

　　西元 1986 年，日本動漫大師宮崎駿創作了電影《天空之城》。電影中，人們靠一塊巨型磁石控制天空之城的飛行和升降，它取材於《格列佛遊記》（*Gulliver's Travels*）中的

「勒普塔飛島」。

　　如果真要建一座「天空之城」，它將建在哪裡呢？答案是平流層，因為它的體型過大，無法抵抗對流層裡強勁的空氣對流。

　　當你乘坐民航客機時，它們要在平流層底部進行巡航飛行。但你有沒有想過長久地住在那裡呢？當然，水晶磁石只存在於幻想中，若要建造「天空之城」，飛艇是最好的工具，它有一個飛機無法具備的優勢，就是能依靠浮力持續滯空。

　　飛機的速度下降到一定程度，就會失速墜毀，所以飛機必須消耗燃料才能持續滯空。美軍偵察機曾經創下環球飛行時間的紀錄，也不過在空中待了 24 個小時，再飛下去，燃料就不夠了。西元 2004 年，美國冒險家福塞特駕駛「維珍大西洋環球飛行者」，把不間斷飛行的世界紀錄提高到 67 個小時。可是這與飛艇相比根本算不了什麼，理論上講，平流層飛艇的留空時間可長達幾個月。

　　現在，已經有人意識到這種長時間留空的必要性。日本郵政廳正在開發一種名叫「同溫層平臺」的無人飛艇。每個同溫層平臺重 30 噸，長 220 ～ 260 公尺，以太陽能為動力，可攜帶重達 1 噸的有效載荷，主要是信號收發裝置。同溫層是對流層頂部至平流層中下層的區域，把這種同溫層平臺放進 20 公里高的同溫層裡，平臺便可以平行漂流，且可以隨時

調整位置。它的有效載荷比太空飛行器大得多，服務於地面使用者，可以提供更多的資訊流。

日本郵政廳計劃升空一百座這樣的平臺，建造一個「天網」，替代衛星無線電服務。這麼多同溫層平臺加在一起需要多少錢？連 1 億美元都不到！換句話說，100 個平臺僅相當於 1 個通訊衛星的價格。而且，如果某個平臺壞掉，升上去一個替換它就行，維修簡便易行。

論尺寸，同溫層平臺已經達到當年飛艇全盛時期興登堡號飛艇的體積，只不過它是無人的。有人的「天空之城」計畫，則不得不提美國的「黑暗空間站」。它由若干飛艇連接而成，長達 2 英里（1 英里＝ 1609.344 公尺），利用燃料電池和表面塗敷的太陽能電池作為補充動力，上面有供人居住和工作的地方。

「黑暗空間站」可以作為太空船從地面到軌道間的高空中轉站、飛行設備補給站、無線電通訊中繼站等。

假使能升到 30 公里高並居住在那裡，其能見度和太空區別不大，無論發展通訊、氣候監測還是天文觀測都是好的選擇。當然，飛艇無法升到衛星那麼高的地方，觀測地面時視野也不如衛星廣闊，但飛艇攜帶儀器設備的能力，是多少顆衛星加在一起都無法相比的。

「太空城」可能還有點遙遠，不過建造「天空之城」並不複雜，成本也低得多。將幾百噸儀器設備和幾十個人放在

平流層永久性地工作和生活，這比建造一座太空城更容易做到，它只是需要一定的想像力和決心。

07 沒有機身也能飛

幾十年前，美國出現一波 UFO 目擊報告的高峰，其中相當一部分目擊者看到的空中怪物，後來被證實是 B-2 飛機在試飛。

中間一段機艙，兩邊各配一個翅膀，還有尾翼和升降舵，這是常見的飛機形象。由於 B-2 完全突破了這種形象，所以在當時經常被誤認為是外星飛船。

在固定翼飛機構造中，只有機翼提供升力給整架飛機，這意味著傳統飛機的形狀設計限制了飛機的運載量。現在寬機身客機已經能載客數百人，但仍然無法與短程渡船相比。前者內部人擠人，空間狹窄，舒適度差，若要飛國際航班，連睡覺的地方都沒有。

要是某種飛機只有機翼，它的整個身體都用來產生升力，空氣動力效率豈不是能達到最高？這就是「飛翼」或者叫「全翼機」的設計。典型的全翼機沒有機身，或者說，它的機身只是機翼中部稍鼓起來的部分。

固定翼飛機剛一發明，航空先驅們就悟出了這個道理。1810 年代，德國人容克斯（Hugo Junkers）就申請過全翼滑翔機的專利。後來他再接再厲，設計出巨型飛翼客機，能容

納 1,000 人，遠超現在的所有寬機身客機。西元 1934 年升空的容克 G38 型客機已經接近於全機翼，部分客艙嵌入機翼，因內部空間寬闊，該機被稱為「飛行旅館」，但受限於當時的技術，只能載客幾十人。

第二次世界大戰結束前的西元 1944 年，德國人研製出的 Ho-229 型全翼機，每小時可飛行 1,000 公里，並且能上升到 15 公里，無論速度還是升限，大大超過當時的主流戰機。只不過由於戰勢的影響，德國人已沒有條件將它們大規模投入空戰。

1980 年代，美國研製出 B-2 隱形轟炸機，這是最典型的全翼機。除了升力，B-2 也利用了飛翼的另一個優點，就是雷達反射面很小，使得它成為隱形戰機。

不過，飛翼機沒有尾翼，操作性能不佳，真放出去作戰，在雷達上是有隱形效果，但如果遇到戰鬥機，敵方透過目視來打擊它，也夠 B-2 受的。由於美軍對戰爭對手擁有整體空中優勢，沒人會升空挑戰 B-2，它才能確保安全。

然而，若只是研發製造全翼客機，就不存在這種軍事方面的考慮，因為客機只飛固定航班，且都在安全區域，不用做複雜的機動飛行。

在某些飛翼的設計圖裡，機翼中部最厚的地方有數公尺高，其他部分也可以載人運貨，整個飛翼內部就是大機艙，這樣便可以容納上千人。雖然設計圖中的飛翼體形巨大，長

達 80 公尺，翼展 150 公尺，可是因為整體都能產生升力，它仍然可以像一片雲那樣在空中飛。也正是由於能產生強大的升力，飛翼對結構強度的要求，反而沒有傳統飛機那麼大。

當然，由於需要複雜的技術轉型，製造和維護成本高昂，全翼機目前只用於軍事，不過我們仍然可以期待，民用全翼機時代的到來。

08 人人爭做鋼鐵人

西元 2020 年，美國出現多起目擊報告，都聲稱在上千公尺高空中，發現了背著火箭背包飛行的人，有人還拍下照片。由於現實中的火箭背包還都只能貼地飛行，是不是某個瘋狂的科學家，已經在密室裡製造出了這種類似鋼鐵人護甲的飛行工具？

由於人體在雷達回波中的信號非常小，到現在，美國空管部門都沒搞清楚它究竟是什麼。一個比較合理的解釋就是這純屬惡作劇，只是一架製造成人形的無人機。不過，這種對個人飛行器的研究卻由來已久。

所謂個人飛行器，就是一個人靠著它，能在任意地點升空或者降落。雖然飛機越造越大，速度越來越快，可是個人飛行器仍有價值，比如可以用於高層消防和軍事布置，有了它，人甚至可以在高樓大廈間飛行。

個人飛行器有兩個發展方向。一種是小到只有個人乘坐

的飛機，比如人力飛機，但完全以人類體能為動力，飛行原理類似「自行車＋翅膀」。人力飛機這一設想從達文西時代便畫在草圖上了，不過由於所用材料必須夠輕便，直到 1960 年代才成功被造出來。西元 1979 年，人力飛機遊絲信天翁號飛越英吉利海峽，轟動一時。

動力傘是目前最成熟的個人飛行器，它是有動力的滑翔傘，於 1960 年代發明出來後經過不斷完善，現在已經形成一種體育運動。有人駕駛它飛過珠穆朗瑪峰，有人駕駛它飛行了 1,000 多公里，這都比早期飛機要強得多。除了體育運動，動力傘也被廣泛用於廣告飛行、航空拍攝、空中巡邏及森林防火等用途。

第二個發展方向是製造無翼飛行器。無翼飛行器不借助空氣動力學原理，而是利用高能燃料的反作用力升空，準確地講可以叫火箭背包。

西元 1960 年，美國軍方開始研究火箭背包，他們成功地讓實驗員滯空十幾秒，飛越幾十公尺。這樣的成績與萊特兄弟發明的第一架飛機相比似乎差不多，可是飛機發明後不到 10 年就有長足進步，而火箭背包卻一直沒有發展起來。

1990 年代，美國出品的科幻片《火箭人》向我們展示了使用火箭背包會遇到的各種難題──外殼要隔熱，要有護具以防不慎墜落時的強烈衝擊。火箭背包還不能攜帶很多燃料，如果要長途飛行，必須頻繁加油，還不如使用小型飛機

更便捷。另外,人體並非流線型,阻力較大。到目前為止,雖然美國已經有私人公司準備將火箭背包推向市場,但商業前景渺茫。

發明家雷蒙德‧李製造了一種透過噴水來獲得反作用力的個人飛行器,它可以升到 3 層樓高,並能以每小時 35 公里的速度向前飛行。既然火箭背包最大的危險是會燒傷駕駛員,用噴水做動力顯然就沒有這個顧慮。不過這種「水火箭」缺乏實用價值,只能在旅遊場所做表演。

09 汽車也能飛上天

路上遇到塞車,估計有無數駕駛都會想,如果我的車能飛就好了。再等一段時間,發明家就會幫你實現這個夢想。

新技術產生於新需求。若把一輛車改造成飛機,它的機身過大,機翼太小,升力有限。如果就靠飛車從一個城市飛到另一個城市,效率遠不如普通飛機。要是用飛車在塞車時,從一條道路飛到另一條道路,或者直接降落在大廈樓頂,這就有了實用價值。

雖然科幻片裡不乏飛車在高樓大廈間飛行的場景,可是現實中研究飛車的並不多。其中有一家名不見經傳的小企業保持領先,這就是美國加州莫勒國際公司。他們研發的莫勒 M400 型飛車已經做出樣品,看上去並不是電影中那種帶小翅膀的普通車輛,反而更像一架飛機,且機翼固定,時速可

達 500 多公里，還安裝有降落傘等救生裝置。

然而問題是，雖然叫飛車，要讓它上路行駛恐怕比較困難，因為兩邊的機翼會影響其他車輛。但如果叫飛機，那麼其空氣動力效率又不如一般飛機，結構卻複雜得多。所以，這種飛車的前景還要拭目以待。

相比之下，以色列開發的「X 飛鷹」飛車倒比較現實，它並不銷售給一般顧客，專用於城市救援。消防員駕駛它可以飛上摩天大樓，把困在上面的人員救下來，就像是科幻片《黑色閃電》中設想的情形。

一種技術倘若有軍事價值，就可以不計成本進行開發。美國國防部打造了一款飛行悍馬，代號就叫「變形金剛」。它裝備能夠折疊的旋翼，平時是一輛車，打開旋翼後便是一架微型直升機，可以載重 450 公斤，飛行 460 公里遠。

然而，假使它完全擁有直升機的功能，為什麼不直接縮小裝甲直升機的體積呢？畢竟汽車和直升機的引擎技術都已經成熟，而這種飛行悍馬則要使用全新的混合發動機。目前，飛車的技術瓶頸就出現在這裡。所以，這種飛行悍馬的實際價值，並非是飛行幾百公里，而是從山前到山後，從一個陣地到另一個陣地。

不過在現實中，像通用、豐田這些頂級汽車公司，都沒有大規模量產飛車的計畫，因為阻礙飛車的不光是技術，還有空中管制問題。當車子飛起來後，就涉及航權管制等一系

列問題，不像汽車那樣想去哪裡就可以去哪裡。

要知道，能飛起來的東西，其危險性比公路上跑著的東西大得多。一輛汽車在地面出了交通事故，頂多堵半條街，但如果在城市空中出了事故，墜落下來，後果可想而知。所以直到目前，各國交通法規還沒有為飛車留出空間，它更有可能服務於應急救難。

10 城市會有新交通

汽車、地鐵、公車是人們熟悉的城市交通形式，以後，城市還會出現哪些全新的交通技術呢？

被稱為「美國科幻之父」的羅伯特・海萊恩（Robert A. Heinlein）因曾經寫過一篇作品，名叫《道路必須壓平》。他在小說裡設計了一種傳送帶公路，由許多條貼緊的平行傳送帶構成，由外到內，相鄰兩條傳送帶之間有每小時 5 公里的速度差，和普通人的步行速度差不多。於是，一個人可以從靜止的人行道踏上最外層傳送帶，再從一條傳送帶跨上相鄰的另一條。如果有需要，他可以站到核心的傳送帶上，即使完全站立不動，每小時也能走幾十公里，接近汽車的速度。如果他需要離開道路，再透過一條條傳送帶向外轉移，最後回到人行道。

今天，這種傳送帶道路已經出現在機場候機室裡，當然，它們只有幾十公尺長，然而，若是擴展到幾百公尺、幾

千公尺，就是一種能取代車輛的全新交通方式。於是，這種設想不斷被後人補充升級。日本工程師計劃在東京打造 5 千公尺傳送帶隧道，汽車開上去後熄火，由傳送帶傳到另一端。美國丹佛計劃建立的快速公車系統，更是時速達到 322 公里的巨型傳送帶，人當然不能直接站在上面，而是坐在特製車輛中，由傳送帶送到目的地。不過，這兩個方案都還停留在紙面上。

大跨度電梯則是另一種交通方式。西元 1996 年，中國的重慶市渝中區兩路口，建成了亞洲最長的電梯，由於緊鄰皇冠商場，在當地被稱為「皇冠大扶梯」。這個扶梯全長 112 公尺，垂直提升高度 52.7 公尺，坡度 30 度，每天可運輸 1.3 萬人。直到今天，每天還有 5,000 多人乘坐這個電梯，來往於火車站與鬧區之間。這已經接近海萊恩當年的構想，電梯不再是建築物裡面的配套裝置，而是某種獨立公共運輸設施。

11 單體城市將如雨後春筍

如果要體現人類的偉大力量，可能再沒有比建築更合適的了，它們就像一座座技術紀念碑，佇立在大地上。西元前 3 世紀，古羅馬旅行家安提派克總結出的「世界七大奇蹟」就全部是建築。

「911」事件中倒塌的紐約世貿中心，峰值時能容納 10

萬人，一般時候平均也有 5 萬人在裡面工作、生活或遊覽。要知道，西元 1000 年時，倫敦和巴黎各只有 5 萬居民，現在的一幢大樓，相當於當年一座城！

即使雙子星大樓已經倒掉，它附近也有許多森林般的巨廈。當年美國曾經有個建築學派，其宗旨就是讓建築物蓋得遮天蔽日，無比龐大，以便讓人對技術力量產生敬畏感。

單體建築越來越大，並非只是為了炫耀，還享有集成優勢。水、電、通訊等設備壓縮在一座建築裡，總比分散到一片地方要節省空間。倘若人們居住和工作都在一幢樓裡，也減少了不少出行壓力。遇到狂風暴雨，不出樓就能解決各種問題，顯然十分便利。

不過要讓樓宇享有集成優勢，那麼大比高更有價值。杜拜哈里發塔雖然高 828 公尺，但建築面積只有 52.67 萬平方公尺，排不到世界前五名。

雖然今天一幢大樓的容量，可能相當於古代一座城，但如今許多城市也有百萬千萬人口。這麼多人將來是否還能在一幢大樓裡？日本建築師設計出一幢名叫「X-Seed 4000」的巨廈，由於形狀很像富士山，又稱為「富士山大廈」。如果建成，便可能成為一幢「城樓」。這座錐形大廈將達到 4,000 公尺高，人在那麼高會產生高原反應，所以主要生活在 2,000 公尺以下，高處是工業設施。大廈將容納 100 萬人，一部電梯就要裝 200 多人，簡直是垂直行駛的超級客車。

其實，人類歷史上並非沒出現過單體城市，那便是著名的香港九龍城寨。西元 1898 年清政府和英國簽訂《展拓香港界址專條》時，保留了 2.67 萬平方公尺的彈丸之地，用於駐軍和建領事館。最初，它就是四面都有圍牆的小城，清朝滅亡後，一直無人管理，而在英國殖民統治下的香港政府又無權管轄，這裡便成為三不管地帶。從 1970 年代起，這塊不到 4 個足球場大小的土地全部被樓宇填滿。在西元 1993 年拆除前，最多時住了 5 萬人，創下人口密度每平方公里 190 萬的世界紀錄！

當然，九龍城寨的形成有歷史原因，本身也是沒有科學城市規劃的低水準建築，內部生活空間十分狹窄，不過它卻為單體城市的容納量，提供了一個客觀的榜樣。

12 一條繩索駕飛船

有哪些動力裝置可以操縱太空飛行器？化學火箭？光帆？原子發動機？是的，都可以，但也可能只需要一根長繩。真的有一些航太科學家在研究如何用繩索加速飛行器，稱為「太空飛繩」技術。

游牧部落有種特殊武器，將兩塊石頭用繩子繫在一起，加速旋轉後再把它們甩出去，這個小巧的系統便會圍繞質心旋轉前進，最後套中目標。

太空飛繩和這種飛繩的原理類似，也是把兩個有效載荷

繫在一起，讓它們圍繞繩索中段的質心旋轉，產生離心力。這兩個載荷的質量要有明顯差距，在旋轉中，小的那個便會遠離質心，移向外側，被推到更高的軌道。

太空飛繩的價值在於，它利用力學原理便可以完成太空飛行器的變軌，基本上不消耗能源。發射太空飛行器通常需要大量燃料，這些太空飛行器在其使用過程中，還要不停地變軌、調姿，本身還要消耗很多燃料。太空中沒有加油站，燃料需要地面補給，單是把這些燃料隨著太空飛行器發射上去貯備起來，就又需要不少燃料。

以國際空間站為例，由於受到大氣層摩擦，它的軌道每天下降幾十公尺，每隔一段時間便要開動調姿火箭，把它再推上更高的軌道。在國際空間站的整個使用壽命中，這種變軌需要反覆進行。結果，單是這些燃料，以及把這些燃料送上空間站所使用的燃料，加在一起就要花費 20 億美元之多！而如果改用太空飛繩技術，這筆軌道調控費用將下降到 5,000 萬美元。

當然，要實現太空飛繩這種技術，所需要的繩子相當長。據航太科學家計算，太空飛繩可能要長達幾十公里，才能足夠改變繫在兩端的太空飛行器的軌道。以前，由於材料科學的限制，這麼長的繩子即使用世界上最結實的金屬也製造不出來，而且其本身質量會很大，甚至比需要變軌的太空飛行器的質量都大。

但是，現在人類有了奈米碳管材料，與同質量的鋼相比，強度可達到 100 倍左右。有這種新材料加持，太空飛繩便可以問世了。

太空飛繩還有一個特殊作用，就是發電。地球周圍存在磁場，若是用金屬製造太空飛繩的外殼，讓它不停地切割磁感線，飛繩裡面就會產生電流。當然，這個電流非常微弱，但如果繩索很長，產生的電流還是具有使用價值的。

將來，太空飛繩還可以用於改變近地小行星的軌道。某些小行星過於接近地球，會對人類形成威脅。我們可以提前發射無人飛船接近它，再與之用繩索連接，共同旋轉，即使小行星的質量比飛船大得多，也足以影響其軌道。

在太空當中，差之毫釐，失之千里，只要近地小行星的軌道有微小改變，就足以讓它遠離地球，我們並不需要像科幻片裡演的那樣，扔一顆核彈才行。

13 萬物互聯新時代

人們找不到手機，通常會用另一部手機撥打該手機的號碼，循著接通後的鈴聲尋找。可如果是找不到錢包、眼鏡或者寵物，這招就不靈了。但是在不遠的將來，你可以用手機找到許多重要物品，因為它們都會被裝上晶片。

人類馬上就要進入物聯網時代，它的嚴格定義比較複雜：透過射頻識別、紅外線感應器、全球定位系統、鐳射掃

描器等資訊傳感設備，按約定協定，把任何物品與網路連接起來，進行資訊交換和通訊，以實現智慧化識別、定位、跟蹤、監控和管理。

要是讀不懂這麼複雜的定義，你可以簡單地把物聯網理解為：將各種有用物品都連上網，這樣就可以隨時監測到你的冰箱、車子、旅行箱，以及其他大小物品。物品不同，所使用的聯網技術也不同，不過核心目標都一樣，就是把它們都連上網。

西元 1995 年，比爾蓋茲在《擁抱未來》（*The Road Ahead*）中第一次提出物聯網的概念。只不過當時連網路都不怎麼普及，更何況物聯網。但是在今天，我們已經走到了物聯網的邊緣。

在專家眼裡，物聯網從技術層面實現並不複雜，難的是有多少製造者會需要在他們的產品上添加資訊裝置，畢竟這需要重新設計和製造系統。另外，商家之間是否願意共用資訊，也是建設物聯網的另一個障礙。

倘若你是一家大型連鎖超市的老闆，對你來說，物聯網簡直重要得不得了。它意味著無論你在哪裡，只要打開電腦，就能知道每家分店裡面的服裝、玩具和泡麵現在還剩餘多少，如果已進貨的話，貨物已經運到了哪裡。沃爾瑪曾經專門發射過一顆衛星，來監控全世界各分店的物流，不過，這些大型商業公司之間並不願意互相分享資訊。

能改變這個局面的是快遞業，他們需要監測每件貨品在當前的位置。當你使用快遞業務時，透過手機也能得到這個資訊，這就是今天物聯網最普遍的一個應用。

另一種改變局面的力量是政府部門，他們要準確決策，就必須即時獲得轄區內的各種資訊。假使有物聯網技術，就會省去機構內下情上達的漫長時間，還會避免資訊傳送中的人為錯誤，畢竟，紅外線感測器和鐳射掃描器不會向主管虛報資訊。

由 IBM 公司在西元 2010 年提出的「智慧城市」系統，就建立在物聯網的基礎上。這個系統主要服務於城市管理者，讓他們隨時獲得轄區內各種實物和能量流通的資訊。

當網路發展到物聯網，入網終端數量就從幾億、十幾億發展到幾百億，網路需要承載巨大的資訊流。所以，5G 補上了物聯網的最後一塊短板。不久的將來，用手機操縱家裡的冰箱和空調將成為日常。

14 通用流感疫苗指日可待

我曾經得過麻疹，確診後立刻被送到傳染病醫院隔離治療。同病房的病人不僅都是麻疹患者，而且年齡和我相差不大。醫生解釋說，我們出生的那兩年，新生兒沒打麻疹疫苗，幾十年後，麻疹病人基本就集中在這個年齡層。

疫苗作為現代公共衛生的重要手段，很早就進入臺灣社

會。由於疫苗的作用，有不少傳染病都已經在臺灣消失，天花甚至已經在全球滅絕。

只有流感，還在年復一年地襲擾人類。並非沒有流感疫苗，而是流感疫苗不像天花、麻疹疫苗那樣，打一次終生管用。

能引起急性呼吸道傳染病的病毒經常變異，基本上每年到了流感季節，都會發現新型流感病毒，這讓流感疫苗的研發成了「道高一尺，魔高一丈」的事情。醫學家無法在新病毒沒出現時就研製有針對性的疫苗，等醫學家完成了對新病毒的研究，流感病毒差不多又要開始變異了。

所以，醫學界在苦苦尋找一種通用流感疫苗，即使做不到打一針受益終身，至少能管用幾年。有醫學家在流感病毒體內發現一種蛋白質，取名 M2，至少最近 100 年裡，M2 沒發生變異，這就意味著可以圍繞它來開發疫苗，讓人體免疫系統透過 M2 認出流感病毒。

還有一個思路，就是讓疫苗誘導出來的抗體，攻擊病毒蛋白莖部。現在，流感疫苗誘導出來的抗體，主要攻擊的是病毒蛋白的頭部，恰恰是這個部位容易變異，導致疫苗失效，而莖部相對穩定。若是疫苗能讓免疫系統更容易攻擊病毒蛋白的莖部，就會更好地應付病毒變異。

流感的威脅與冠狀病毒不相上下。除了死亡數千萬人的西元 1918 年大流感，人類還在西元 1957 年和西元 1968 年

遭遇大流感，死亡人數都達到數百萬，平常年分也都有幾十萬人死亡。如今，在大眾輿論集中討論新冠疫苗時，通用流感疫苗的研製也在向前推進。美國國家過敏症和傳染病研究所、英國劍橋大學生物技術公司，還有比利時的專家，都已經在動物身上初試過通用流感疫苗，證明其具有抗病毒效果，並且沒有副作用。

目前，有些通用流感疫苗已經進入人體實驗階段，不過要完成整個研發製造工作，大約還需要 5 ～ 10 年。另外，疫苗的生產方式也要改變。未來可能會用菌湯培養疫苗，一升菌湯可以製造上萬劑疫苗，新方法將充分滿足全球的疫苗需求。

新冠大流行向大眾證明了疫苗的重要性，通用流感疫苗也將成為醫學界的重要目標。

15 智能手套讓手「說話」

嘴是用來說話的，手是用來做事的。不過，有種新科技讓手也能夠「說話」，這就是手語識別技術。

手語識別本身有強勁的需求。世界上有不少聾啞人士，他們之間可以用手語交流，可是手語需要學習才能掌握，普通人難以識別。反過來，把語音和文字翻譯成手語，也需要專業人士參與。現在，政府在開記者會時會配一名手語翻譯，然而普通人與聾啞人士交流時，幾乎不可能邀請專業翻

譯到場服務。

日常交往中，這是個雙向交流問題。不過從技術角度來看，把動作翻譯成語音和文字，與把語音、文字翻譯成動作，卻是兩種完全不同的技術。

從 1980 年代起，人們就開始研發手語識別技術，主要是將聾啞人士的手語翻譯成語音和文字。40 年來，這個領域已經有長足進步，出現了可穿戴式的手語手套、手語手環。它們內部安置了各種感測器，能夠感知手指和手掌的彎曲度、手勢的方向和角度，還能檢測手部神經和肌肉在活動時發出的生物電信號，將這些資訊綜合起來，就能轉化出語音文字。

不過對於聾啞人士來說，平時都是空手比手語，現在要戴上手套或者手環，難免覺得彆扭。於是專家又發明出另外一種技術，透過影片記錄手語動作，再用電腦來翻譯。它不需要佩戴上面這些複雜的設備，用起來方便靈活，但識別率明顯降低，還需要進一步改進。

這些系統都比較複雜，現在的實驗室產品價格達到數萬美元，顯然還不能投入市場。不過智慧型手機出現後，手語翻譯變得更為順暢。美國加州大學洛杉磯分校已經研發出一種手語識別手套，它透過新式感測器增加了面部感知功能，以配合對手部的識別。用戶戴上這種手語識別手套後，透過手機 App 就能將手語翻譯成語音，識別率高達 98.63％，識

別速度達到每秒一個單詞，已經接近語音轉文字的水準，同時整套設備的價格有望下降到 50 美元。

與將手勢轉化成語音、文字相反，另一個方向的機器翻譯卻比較困難，因為把語音、文字翻譯成手語需要機械手，而機械手本身到現在都不能完全模擬人手的細微動作。

不過，電腦能夠製作出在螢幕上活動的虛擬人，專家們於是希望透過虛擬人的手勢，完成普通人與聾啞人士的對話。現在已經出現了虛擬手語主播，為這個目標鋪墊了新臺階。

16 資訊安全越來越熱門

提到資訊安全，人們會覺得那只是政府相關部門，甚至是反間諜部門的工作。然而，隨著各行各業都在運用更多的資料，民用資訊安全技術也在穩步發展，這可能會成為新的熱門領域。

雖然人類從古代便開始保護有用資訊，不過資訊安全技術卻是隨著資訊技術本身發展起來的。如今，資訊安全技術的運用，早就超過防範駭客之類的普通領域，反作弊就是其中之一。

泰國電影《模犯生》描寫了黑市化的考場作弊行為。在電影裡，富家子弟收買學霸幫自己考試過關，整個過程主要靠投送紙條。不過早在西元 1995 年，考試時就有人利用電子設備作弊，工具是如今已經成為古董的 BB.Call。

又過了七八年，手機簡訊成為電子作弊的主流。到了西元 2005 年，有關部門開始查獲到考生使用針孔攝影機的作弊案件。考生向考場外傳送試卷的圖像，外面的同夥看到試卷後寫出答案，再用發簡訊進來。若是當年的著名間諜佐爾格（Richard Sorge）在世，恐怕也會羨慕這種高科技手段。

沒過兩年，筆式接收器、資訊發射臺、反遮罩手機都出現了，米粒大小的微型語音提示器，也嵌入不少考生的耳朵裡。一位專家稱，大約在西元 2007 年前後，電子高科技手段作弊呈突發之勢。一些重要考試如公務員考試、司法考試等，發完試卷一小時內，考場周圍的無線電波就異常增加，說明有不少人用電子設備傳送答案。

為了反制作弊，監管部門也準備了信號遮罩裝置、無線電波監測車等工具。一時間，曾經只有「007」才使用的高科技設備，竟成了作弊與反作弊的交戰手段，成為運用資訊安全技術的重要領域。

電子遊戲是另一個普及資訊安全技術的領域。幾十年前的孩子還在玩街機，當時，沒人會把資訊安全這樣的技術與電子遊戲連繫在一起。剛有網路遊戲時，盜帳號現象非常普遍，隨著虛擬遊戲資產的價值越來越高，資訊安全技術也開始運用到電子遊戲領域。

到了西元 2018 年，這類虛擬資產案件有的已經達到幾百萬元的案值，遠遠超過街上小偷造成的危害。另外，遊戲玩

家普遍會使用外掛,曾經有 80%的玩家使用過外掛,導致遊戲公司每天損失數百萬元。

這些都讓遊戲業對資訊安全產生了需求,一些專門服務於遊戲公司的資訊安全公司應運而生,他們專門研發反私服、反盜號、反複製和反外掛的軟體。

如今電子遊戲業的產值已經占到 GDP 的一個點,象徵著網路遊戲資訊安全技術即將全面升級。

第十章
文娛新時代

　　介紹新科技的文章隨處可見，但幾乎都把文化娛樂排除在外。人們可能誤以為文化娛樂業使用的都是較低的技術，或完全是因為專業習慣，寫科技新聞時把文化娛樂排除在外。

　　這些都不正確，隨著時代的發展，文化娛樂已經與科學技術高度融合。它們不僅運用尖端技術，甚至成為某些技術進步的主要推動力。

　　這就是本章的內容。

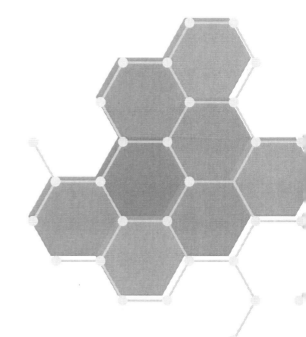

01 沉浸式技術讓人越陷越深

西元 1896 年，法國的盧米埃爾兄弟為觀眾帶來了一部電影，名叫《火車進拉西奧塔站》。這個 45 秒的鏡頭客觀記錄了一輛火車進站的過程，嚇得有些觀眾從座位上跳起來往後躲。這是世界上第一種沉浸式技術 —— 電影。

沉浸式技術就是以各種讓觀眾身臨其境為目標的技術。在古代，畫布粗糙，舞臺簡陋，人造環境提供的沉浸感，無法與現實環境相比。直到電影出現，終於能讓觀眾從感官上難辨真假。後來，電影又經歷了無聲到有聲、黑白到彩色的兩次大技術升級，每次都將沉浸感向前推動了一大步。

最近十幾年，電影技術發生了從 2D 到 3D 的普遍升級，還有人嘗試使用高影格率將每秒拍攝的畫面增加到 60 格甚至 120 格，讓畫面的流動更加自然。不過，這些提升還達不到前兩次革命的效果。現在，電影技術正朝著特種電影方向發展，包括球幕、環幕、裸眼 3D 等新技術。

虛擬實境是比電影更深入的沉浸式技術。1950 年代，美國開始建立「多感知電影院」。1970 年代，科學家相繼發明出液晶顯示頭盔、移動地圖和觸控式螢幕等，讓虛擬實境大大跨進一步。1980 年代，美國 VPL 公司把它們統一起來，發明了「Virtual Reality」技術，簡稱「VR」，從此成為虛擬實境的縮寫。

VR 不僅提供逼真的畫面，還同時遮罩現實資訊，這是

電影很難做到的。VR 要輔助活動才能形成良好的體驗，這也使得它有別於完全被動觀賞的電影。

使用 VR 技術需要傳輸大量的資訊流，現在只有單機版。5G 網普及後，有可能將 VR 聯網，讓多人共用逼真的虛擬空間。

要讓人產生沉浸感，視覺和聽覺比較好處理，觸覺最難模擬。人的觸覺感受器遍布體表，要形成觸覺，就得有覆蓋全身的「觸覺服」。

體驗壓覺更為困難。當你在現實中舉起物體時，會透過肌肉和骨骼中的感受器感覺輕重，而在虛擬世界裡，這樣的感覺要靠「力回饋系統」完成。「力回饋系統」是套在胳膊和手上的機械系統，根據畫面呈現的虛擬物體限制你的胳膊。西元 2002 年，英美科學家合作完成了一項感覺傳導實驗，實驗透過高頻率電子脈衝，讓位於倫敦和波士頓的兩個實驗者進行虛擬握手。

看電影要坐著不動，使用 VR 技術也只能原地手舞足蹈。人們更希望一邊自然地活動，一邊沉浸在虛擬感受當中，於是又出現了全方位發展的沉浸式娛樂。

首先是沉浸式戲劇，搭建出實景與虛擬畫面的融合背景，讓觀眾與演員同處在一個空間裡，置身於故事中。同時也產生了以密室逃脫為代表的沉浸式遊戲，它們都追求讓觀眾不用佩帶設備，就產生沉浸感。

現在，市場上陸續出現了沉浸式婚禮、沉浸式會展等新服務，沉浸式技術正朝著文化娛樂的各個領域浸透。

02 互動娛樂大行其道

電影和電子遊戲都是完全由科技新發明催生的娛樂行業。電影需要靜靜地看，是沉浸式技術的代表；電子遊戲必須互動才能玩起來，成了互動技術的先鋒。

最早的互動技術產物是自動駕駛儀，產生於 1920 年代，同時也是 VR 的前身。不過自動駕駛儀一直服務於高階技能訓練，沒有走向民間。

電子遊戲本身誕生於西元 1952 年的井字棋遊戲。西元 1965 年，蘇澤蘭（Ivan Sutherland）用電腦模擬了一個簡單立方體，並讓它根據人類的指令活動。到了 1970 年代末，電子遊戲已經在已開發國家成為產業。

雖然早期的電子遊戲畫質粗糙，音效簡陋，但仍然能滿足玩家操控遊戲的樂趣。今天的電子遊戲無論畫面或是音效，都已接近電影的品質。

互動電影是另一種互動娛樂技術，產生於早期的互動小說。1960 年代，美國出版了分叉式童書，讀者閱讀某頁時，可以按提示翻到指定的頁面，進入不同的故事線。

西元 1967 年，捷克人製作出世界上第一部互動式電影，並在蒙特利爾世博會上放映。電影會在關鍵處停下來，由觀

眾透過紅綠按鈕選擇後面的劇情。可想而知，在沒有電腦或手機的時候，這種體驗過於複雜，所以沒有推廣開。

西元 2017 年，能用手機控制的互動式電影《晚班》在網路上線，並於西元 2020 年上映，大家可以一邊看電影，一邊用手機改變劇情。西元 2018 年，美國 Netflix 公司出品的科幻片《黑鏡：潘達斯奈基》成為互動電影的代表，觀眾可以在某個分叉處按鍵，用電視遙控器選擇情節發展的方向。

與沉浸式結合的互動遊戲，是這個領域的新兵，密室逃脫便是典型，這種遊戲來源於科幻片《異次元殺陣 2：超級立方體》。國外一批該片的粉絲搭建出簡陋的封閉空間，讓玩家在裡面鑽來逃去。如今，這個行業的產值居然高達數十億元。

隨著技術的發展，電子遊戲與沉浸式戲劇也正在融合。某些沉浸式戲劇裡，已經安置有電子互動設備，觀眾可以離開劇情進行操作。

以劇本殺為代表的桌遊，也是一種新興互動娛樂。簡單的劇本殺只是大家讀劇本，不過，高階商家已經開始使用沉浸式背景讓玩家身臨其境。一部這樣的沉浸式戲劇，就是一個大型的電子遊戲。

從總產值上看，以靜為主的沉浸式娛樂，遠小於以動為主的互動式娛樂。不過，兩者都在不斷引入更新的視聽技術，同一類技術如電腦動畫技術，也會分別運用於沉浸式和互動式娛樂。

03 實景演出將成文化航母

西元 2004 年 3 月 20 日，《印象・劉三姐》在中國廣西桂林的陽朔開演。它是全球首部實景劇，也是科技進入演藝事業的重要象徵。

所謂實景劇，就是以真山真水為背景的劇碼。由於實景劇的故事元素稀薄，更多是舞蹈、雜技和高科技表演，所以後來又叫做實景表演，這是中國原創的文化旅遊項目。

拍電影本身就需要製作布景，讓演員在其中表演。實景表演的萌芽，最早出現在好萊塢一些電影的品牌延伸專案中，美國拉斯維加斯的大型秀，在這方面處於領先地位。曾經創造過電影投資紀錄的《未來水世界》，在各地環球影城裡都有水戰實景表演，憑藉著長達 20 年的演出，片方居然補齊了當年電影放映時的巨虧。

不過，實景劇不是某部電影的延伸，而是原創。實景劇還需要開山填河，或者自建專門場館，而不是依附於現有的主題公園，所以投資要大得多。

每部實景劇都要根據現場環境，進行建築、交通、輸電、通訊等方面的設計和施工，所以，實景劇從一開始就建立在科技基礎上，只不過初期科技技術還不高。

實景劇的發明人梅帥元回憶說，當年做《印象・劉三姐》時，他們還不了解高科技，只知道在演員服裝上放 LED 燈。後來，梅帥元專門建立了一個團隊，收集全球新推出的

高科技表演技術，迅速運用到下一部實景劇當中。

實景劇由於表演空間巨大，可以容納各種高科技手段。比如動感運動車可以載著觀眾進入虛擬和現實結合的場景，透過 4D 電影和 VR 進行冒險。再比如「鐳射秀」、無人機表演、無人船表演之類的新技術，很多都是專門為實景表演而研發的。那些能與觀眾互動的舞臺技術，只要一誕生，立刻就會被實景劇項目購買並利用。

不過，雖然從誕生起就走在文化科技的最前線，實景劇卻一直在使用傳統文化元素或地方民俗元素，如何用高科技手段來表現科學內容，是實景劇發展的下一個課題。

04「科學」將成收藏熱門

提到收藏，人們一定會想到名人字畫、古玩玉器、郵票舊幣，很少有人知道，火箭殘骸也可以成為收藏品。

但收藏品不是紀念品，人們購買收藏品是期待它升值，實際上是一種投資，然而，我們很難想像火箭殘骸，會在傳統的古玩市場上流通，它其實屬於新興的科技收藏市場。

有重大新聞價值的科學研究工具、罕見的科學研究對象、科學家的手稿和私人物品，都能成為收藏對象。其中，火箭就屬於科學研究工具的組成部分。當然，人們不能收藏仍有使用價值的科學研究工具，但可以收藏有紀念意義的退役設備。

有的外國人專門收藏化學元素樣本，其中既包括金、銀

這些常見元素，也包括含有微量元素的工業製成品，比如一個含有鈀的煙霧報警器。

與鑽石、翡翠相比，隕石一點也不漂亮，然而它已經成為標準的收藏品，並擁有自己的交易市場。從全球來看，隕石收藏市場是 1990 年代才開始的。西元 2013 年 2 月 15 日，俄羅斯車里雅賓斯克隕石事件，讓隕石市場小小地火了一把。目前，最貴的隕石價格與等重量的黃金差不多。

和隕石類似，古生物化石也正在成為收藏對象。最初，它主要是古生物學者和地質工作者等專業人士，在工作之餘從事的私人愛好，後來，有一些圈外人士也逐漸關注起化石收藏了。

大家都知道達文西的《蒙娜麗莎》曾經創下藝術品單價的紀錄，卻很少有人知道，達文西的《哈默手稿》曾經被比爾蓋茲以 3,000 多萬美元的價格收購，這部手稿便是達文西研究自然科學的心得。

現在，科技收藏還沒有獨立的市場空間，不過，它的收藏者不光要有錢，還要懂科學、愛科學。目前，這個階層正在急速擴大，這讓科技收藏擁有遠大的前景。

05 設計界刮起科學風

1920 年代，西方開始形成機器美學，反映了大眾對科技新事物的歡迎。最初，這類設計產物粗糙到搞笑的程度，比如在帽子上別個象徵人造衛星軌道的環，讓人們戴著滿街

走。1970 年代，建築界吸收了機器美學的元素，提倡將科技元素融入設計，變成一種美學元素。西元 1978 年，克朗和斯萊辛在合著的《高科技》一書中，首倡「高科技風格」，從此，它成了一種全新的設計風格。

後來，巴黎龐畢度國家藝術和文化中心以及倫敦勞埃德保險公司大廈，開始使用典型的高科技風格，它們不僅在外觀上吸收科技元素，還使用高強度合金等最新材料以體現效果。

高科技風格的形成，是科技元素融入社會審美的重要結果。隨著科幻影視的發展，高科技風格又演變出科幻風格。

不少科幻片要展示未來生活的全貌，必須在建築、交通、服裝甚至是髮型等方面下工夫設計。庫柏力克（Stanley Kubrick）、盧‧貝松（Luc Besson）等人都是非常重視設計的科幻片導演。美國科幻片《明日世界》在製作時，甚至專門邀請西班牙建築公會的設計師，去設計電影中的未來城市。

這些科幻影視培養了一代人的審美品味，其中一些人進入設計界，便把科幻片中的某些元素，提取出來加以拓展、發揮。從服裝到居家裝潢，從商業場所裝修到園林景觀，這些年也在不斷吸收科幻元素，有些還融入了高科技的視聽技術。

像是居家裝潢，也開始流行高科技風格與科幻風格。在電商網站上，可以找到幾十種相關風格的壁紙，能把臥室打造成太空、深海或者虛擬電子環境。

　　設計的基礎是美術，在美術展覽領域出現的裝置藝術，更是科技與藝術的完美結合。這類藝術要用機械裝置和電子裝置形成視聽效果，並且會表現宇宙大爆炸、生命進化、時空交錯等科學概念。裝置藝術家兼具藝術家和工程師兩種技藝，他們的工作室更像是小型作業間，裡面擺的也不再是傳統美術家的筆墨紙硯。

　　科學進入人類生活，不光透過技術管道，也會透過藝術管道。我們正置身於一個科學藝術的新時代。

06 天文地質都是旅遊目標

　　過去，人們去各地的自然景觀、人文景觀旅遊。如今，人們還受科學知識的影響，開始將科學專案當成旅遊目標。

　　天文觀測就是新興的科學旅遊項目。最初，只有一些天文愛好者進行野外自駕觀測，但是隨著經濟發展，城市附近的大氣汙染和光汙染日益嚴重，這使得都會甚至近郊都無法進行良好的天文觀測。

　　針對這一變化，國際天文學界推出了「世界暗夜保護區」評選項目。能入選這種保護區的地方，氣象條件要非常良好，附近沒有大規模居住區或者工廠，不至於造成光汙染。這種保護區也叫「暗夜公園」，全世界目前僅有 4 處，分別是英國加洛韋森林公園、美國的猶他州天然橋國家保護區、賓夕法尼亞州的櫻桃泉國家公園和俄亥俄州的格奧加公園。

比暗夜公園級別稍低的叫做暗夜星空保護地。截至西元2021年5月30日，全球已經有273處暗夜星空保護地。

從天上回到地下，某些特殊地貌也成為新興的科學旅遊目標。有些特殊地貌因為人文景觀比較豐富，早已成為旅遊的熱門景點，比如以喀斯特地貌為主的桂林山水。不過也有些特殊地貌比如大溶洞等，必須等探勘技術完備後，才能成為旅遊開發的對象，因而開發得較晚。

中國擁有世界上最多的天坑，武隆的天坑並非最大，也非最多，但由於鄰近旅遊地仙女山，開發得最為成熟。全球第一天坑位於重慶奉節，也是旅遊景區，附近還有一個地縫景區，賣點同樣是地質構造。

隕石坑也是地質旅遊的內容。西元1960年，美國科學家在亞利桑那州確認了世界上第一個隕石坑「巴林傑坑」，該地目前已經建立起隕石博物館。德國小鎮納德林根就坐落在一個隕石坑裡，每年都有不少人到該地旅遊，一睹隕石坑的壯觀景象。

07 氣象旅遊成為新時尚

氣象旅遊是指將大氣中的冷、熱、乾、溫、風、雲、雨、雪、霜、霧、雷、電、光等物理現象作為目標的觀光專案。氣象旅遊和其他旅遊最大的不同是具有多變性，人類無法把氣象變化固定下來供人觀賞，所以，它是現代通訊和交

通條件基礎下的產物。氣象愛好者需要隨時收集天氣預報，迅速到達當地。

　　某些傳統旅遊中的個別內容，已經有氣象旅遊的色彩，比如中國的昆明便以「春城」著稱，哈爾濱則突出冬季冰雪主題的旅遊，這些都是以某種氣象現象為賣點。

　　不過，這些還不是專門的氣象旅遊，只是附屬在傳統旅遊行程中的氣象元素。氣象愛好者突破傳統旅遊的界限，觀賞某些地區特殊的大氣現象，形成了專門的氣象旅遊。

　　例如美國龍捲風頻發，當地形成了一群「追風族」，他們會在特定季節守候在龍捲風好發地，駕駛汽車追蹤那些持續時間很短的龍捲風。據統計，這批人約有 2,000 多名。

　　追風旅遊的主要內容，是拍攝罕見的氣象照片，短影音平臺發展起來後，追風也成為短片其中一個內容元素。無論是攝影還是錄製影片，既需要許多裝備，又需要豐富的氣象知識。氣象旅遊和天文旅遊、地質旅遊一樣，都是科技知識普及後的產物，成為越來越多年輕人的愛好。

　　這幾年，氣象旅遊正在朝專業化方向發展。傳統旅遊目的地的氣象局，會專門預報某種氣象景觀出現的機率，以供遊客參考。

　　不遠的將來，氣象景觀將成為重要的旅遊焦點。氣象專家的工作也不再只是守著儀器設備，而是更多地與人打交道。

08 最另類的旅遊目標——科學研究設施

太空人正式升空前，會乘坐特製的失重飛機進行失重訓練。這種飛機飛入高空後，駕駛員會飛出一個拋物線軌跡，飛機在上升和下降時呈自由落體狀態，太空人在機艙裡就能體驗失重狀態，進行失重訓練。不過，飛機很快就得進入平飛，結束自由落體狀態，然後再飛一個拋物線，如此反覆。一次訓練，可能要飛十幾次到幾十次的拋物線軌跡。

以前，你可能只是在科普圖書裡、紀錄片中見過這種訓練，現在，你可以乘坐歐洲太空總署改裝的 A-300「ZE-RO-G」零重力體驗機過一次癮。當然，這要花不少錢，大概要 6,000 歐元。同樣的錢，夠你到歐洲玩一趟了。

這是一類新興旅遊行程，它的目標就是大型科學研究設備本身，可以稱為科學研究旅遊。隨著教育的普及，越來越多人擁有基本的科學知識，在他們心目中，科學研究場所才是當今聖地，值得一覽芳容。這便是科學研究旅遊的群眾基礎。

觀看航太發射是這個領域的傳統內容。太空迷都知道美國的卡納維拉爾角發射場，但是鮮少有人知道，那裡早就是旅遊目的地。在發射場對岸有許多酒店，每次重要發射前，當地都會發布通告，成千上萬的太空迷會入住酒店，等著目擊發射的瞬間。而建在北美阿雷西博的射電望遠鏡，在西元 2020 年倒塌之前，也是當地著名的旅遊景點。

不同於居禮夫婦親手熬瀝青提取鐳的時代，如今重要的

科學研究設備動輒數億、數十億,甚至上百億,規模巨大,外觀宏偉,本身就是潛在的旅遊資源。如何將它們變成旅遊資源,讓大眾近距離感受科學,而不只是聽聽講座、看看書,成為科學研究部門的新任務。

第十一章
科學研究新天地

　　新的科學研究工具不斷湧現，新的科學任務層出不窮。最後這章介紹一些難以歸屬到基礎學科中的科學研究課題。它是本書的結尾，希望它也是讀者尋找科技前端問題的開始。

01 生物也能幫助探礦

　　背著科學研究儀器去深山裡探礦，曾經是地質工作者的標準形象。然而，在沒有現代科學研究儀器的古代，人們如何尋找礦產呢？其中之一是利用動物的習性來探礦。

　　古希臘學者希羅多德（Herodotus）曾經記載過用白蟻找銀礦的方法。白蟻可以吃掉白銀化合物，卻無法吸收，於是人們從白蟻的屍體裡發現銀的蹤跡。

　　在中國古代，人們用禽類尋找黃金。禽類有個習慣，就是會吞沙子，吞下的沙子被保存在嗉囊中用來研磨食物。牠們會在無意中吞下含金的砂粒，人們便透過禽類的嗉囊尋找黃金礦脈。

　　南美洲委內瑞拉有一種礦工鳥，專門吃一種生長在矽質岩上的植物的果實，而透過這種岩石，通常能發現含金礦脈，所以看到礦工鳥，就意味著附近有黃金。北歐人則用一種名叫高山剪秋羅的植物來尋找銅礦。

　　現代科學誕生後，地質探勘由於能夠為國家尋找資源，首先得到發展。蘇聯和中國的地質探勘部門，都曾經是人數最多的科學研究部門，而其探勘對象主要是裸露的岩石。透過幾代人的努力，地球陸地上的絕大部分裸露礦藏，都已經被發現，餘下的往往處在冰川、密林或者草原下面，很難用常規科學儀器尋找。於是，地質專家又開始借助生物探礦法。

蘇聯科學家曾專門訓練探礦犬，牠們可以找到銅礦和汞礦。另外一些科學家發現，駱駝習慣於躲避高重力地區，以減少走路時的負荷，而金屬礦脈通常都會形成微量的重力提升。透過研究駱駝的行走路線，可以發現金屬礦脈的線索。

　　重金屬含量高的土壤裡生長出來的植物，會導致動物食用後發生重金屬中毒，由於牲畜發病會及時被主人發現並報告，牠們也間接成為探礦的參照。英國威爾士有個銅鉛鋅礦化帶，那裡的牛就經常有鉛中毒跡象。

　　不僅動物可以用於找礦，植物也有類似的價值。植物固定地生長在某個地區，從根部吸收營養物質，對土壤附近的礦物更加敏感。生長在礦脈上的植物，有的會發生白化病，有的葉片反光率會發生變化。目前衛星找礦的一個原理，就是透過遙感尋找大面積生長異常的植物。

　　這類能夠指示礦脈的植物，稱為指示植物。在北方高緯度地區，苔蘚和地衣就是典型的指示植物。有一種銅蘚，在銅礦附近生長茂盛。還有一種微膠地衣，專門生長在石膏礦附近。

　　目前，植物探礦領域運用最多的是銅礦。在銅濃度高的土壤裡，大部分植物會死亡，但有一種叫銅花的植物則能夠正常生長。它甚至能反映礦脈的形狀，下面的銅礦脈寬大，銅花分布帶就寬，反之亦然。如此靈敏的指示性能，讓銅花成為銅礦業的重要參照物。

02 讀心機即將問世

　　科學家知道腦是人類的思維器官後，便想要尋找思維活動對應的生理變化，將其一一記錄下來並分析，最終讀出人的意識。這種設想早就反覆出現在科幻小說裡，然而，現實中有沒有科學家在進行這類研究呢？

　　最早有這種設想的是巴夫洛夫（Ivan Pavlov）。他提出一個「興奮灶」的概念，認為人類每個心理活動，都對應著一個興奮灶。可惜，巴夫洛夫所在的那個時代，還沒有技術手段能找到這些興奮灶。

　　測謊儀是第一種用生理手段測驗心理活動的設備。不過這種儀器再精確，也只能判斷人的言語行為，如果一個人乾脆不說話，它便讀不出他的心理活動。

　　後來，心理學家發明了正電子發射斷層掃描技術。研究表明，人腦某個部位興奮起來，那裡的血液供應量就會提高。根據這個原理，心理學家給受試者喝下混有放射性元素的示蹤劑，幾分鐘後它就會進入人的腦部。然後，心理學家將受試者送入核磁共振儀，再讓他們進行不同的心理活動，以便觀察在這些活動的同時，腦的哪個部位更興奮。

　　這就是「興奮灶」概念的深化。透過這種技術，心理學家對人腦各部位分工情況的了解突飛猛進。英特爾公司正在用這種技術繪製人腦活動地圖，試圖最終從人腦活動過程中，判讀出各種資訊。這項技術的基礎就是正電子發射斷層

掃描技術，他們讓受試者根據要求，在腦子裡想像各種單詞，同時在核磁共振儀中拍攝受試者在想像這些單詞時，所對應的腦部活動狀態。

這樣一來，英特爾公司得到了成千上萬個單詞所對應的大腦活動狀態圖像。希望在將來的某一天，只要一掃描出某人的大腦活動狀態，就能知道他在思考什麼單詞。

這項研究的對象是腦的整體變化。心理學界一直懷疑人腦中是否有與外界事物一一對應的神經元，他們把這種想法自嘲為「老祖母細胞」，意思是人腦不可能專門產生一個細胞，只記錄自家老祖母的形象。然而西元 2005 年，英國萊斯特大學的一項研究卻表明，「老祖母細胞」可能真的存在。

這些科學家以癲癇患者為對象進行研究，他們的腦部受損，科學家要找到幫助其恢復的方法，就必須先評估他們腦部受損的具體程度。科學家從一個圖片資料庫裡，隨機挑選圖片出示給受試者，同時記錄病人腦部神經元的反應。結果發現，特定照片真的只能刺激特定的神經元。比如，有的明星照片會激發某些神經元，換成其他照片，這些神經元就不發生神經衝動。而且，特定圖片所喚起的神經衝動總量也只有四次。

也就是說，只要記錄下幾個神經元發生的幾次衝動，就知道一個人正在想什麼。這項成果很可能會讓「讀心機」的問世又提前了。

03 電腦代替弗萊明

西元 1900 年，人類平均壽命只有 40 歲左右，西元 2000 年達到 63.9 歲。提升的這 20 多歲中，抗生素發揮了重要作用，不少醫學家估計，抗生素將人類平均壽命提高差不多 10 歲。

所有微生物都與其他微生物相伴而生，它們需要分泌能干擾競爭對手發育功能的化學物質，才能保證自身健康成長。找到這些物質，把它們提取出來，就形成了抗生素。最初找到的抗生素，主要功能是抑菌或者殺菌，又叫抗菌素。現在，人們已經找到抗病毒、抗衣原體、抗支原體和抗腫瘤的物質，於是就將它們統稱為抗生素。

西元 1929 年，英國醫生弗萊明（Alexander Fleming）培養細菌時，發現青黴菌周圍沒有其他細菌生長。他推測這是由於青黴菌分泌的某種化學物質，會抑制其他細菌生長，進而發現了青黴素，也是第一種抗生素。由於二戰迫近，美國政府大力鼓勵醫藥公司生產青黴素，讓它的藥名「盤尼西林」名揚世界。

可是只有一種抗生素，顯然不夠對付那麼多病患。於是醫學家再接再厲，先後找到鏈黴素、氯黴素、四環素等抗生素。到現在，抗生素已經發現了 1 萬多種，由於存在毒性問題，大部分不能做藥品，只有 100 多種可以製藥。

不過，細菌和病毒繁殖迅速，抗生素殺死絕大多數細菌

後，總有更具抗藥性的細菌活下來，日積月累，細菌就朝著耐抗生素的方向進化。結果，人類陷入兩難局面：不用抗生素，解決不了病患的問題；若是用得多，又會激發細菌的抗藥性。

不僅如此，有些細菌還能以抗生素為食。美國聖路易斯華盛頓大學醫學院的專家，在研究土壤中的細菌時，從中發現了一些特別的酶，它們能將青黴素分解為能量，供自身使用。

這樣一來，人類不得不反覆在自然界中，尋找更有效的抗生素。在弗萊明那個時代，醫學家主要靠個人經驗進行研究。有了基因技術後，便可以透過鑑定新分子來完成研究，因為適合作抗生素的分子結構都有一定共性，生物學家們就在各種生物體內尋找這類新型分子。

不過，基因技術只能使新型抗生素的研發速度稍有提高，畢竟醫學家觀察和思考的速度都有極限。最近，麻省理工學院的合成生物學家詹姆斯，他帶領團隊訓練電腦深度神經網路來做這件事，這個神經網路可以篩查化學庫中的各種分子，計算它們抑制大腸桿菌生長的能力。

經過這位不知疲倦的「電腦弗萊明」篩選後，詹姆斯再把找到的物質投入實驗。結果，將近五成的篩選結果都有一定的抑菌效果。

在各行各業都採用機械設備的今天，科學研究反而還以

手工勞動為主，同樣也面臨了機械化和資訊化的問題。「電腦弗萊明」就是一例，它抽離出醫學研究中單調的機械部分，壓縮研究時間，提高了研究效率。

04 打造入地艇

入地艇是一個神奇的科幻構思，人類能駕駛它在地層裡航行。在俄羅斯科幻小說《入地艇》、美國科幻片《地心毀滅》裡，入地艇都能深入地函層，行駛在熔岩裡。

前面切削岩石，後面排出碎塊，自身還能在這個過程中往前移動，最接近入地艇的機器就是隧道鑽掘機。不過，隧道鑽掘機都在地表淺層工作。如果從鑽入深度上看，最接近入地艇的則是超深鑽機。在鑽探行業裡，小於 2,000 公尺的叫淺鑽，2,000 ～ 5,000 公尺之間的叫中深鑽，5,000 ～ 8,000 公尺的叫深鑽，超過 8,000 公尺的叫超深鑽。油井和地熱井考慮到經濟成本，不會鑽到很深，深鑽和超深鑽都屬於科學研究鑽探。

科幻中的入地艇能達到地球核心，上述鑽機卻沒有一種能深入地函。美國科學家史蒂文生提出了一個驚人設想，他建議先用核武器在地面炸開深數百公尺、最寬處只有 30 公分且上寬下窄的裂縫，然後，把 10 萬噸熔融狀態的鐵澆灌到裂縫中，同時放入只有柚子大小的微型探測器。這樣就凝成一個大鐵塊，其形狀像是放大了無數倍的菜刀。由於重力作

用，這把巨型菜刀一旦完成冷凝，便會自動下沉，不斷劈開岩石，形成裂縫，直到劈開整個地殼。

由於鐵的比重大於地函物質，這個大鐵片將包裹著微型探測器一直沉到 3,000 公里以下，每小時下降 16 公里。在這個過程中，探測器將傳給我們有關地球內部情況的各種資料。由於無線電無法穿越地殼和地函，資訊將由次聲波傳遞到地面上。另外，不用擔心會因此製造出一個火山口，當巨型菜刀開始它的旅程後，表層裂縫就會被迅速回填。

史蒂文生認為，這個計畫看似宏大，卻遠不如發射一艘飛船的錢多，而且人類對地球的了解僅限於薄薄的地殼，這個大鐵刀將一舉提升我們對地球搖籃的認知。

科幻中的入地艇不光鑽得深，還能水平航行，能接近這個設想的設備叫做水平定向鑽機，最初是石油行業發明的。它的外觀看上去就像是拖著長尾巴的潛艇，地面上的人們依靠線纜控制它們在地下運行。有了水平定向鑽機，開採石油就不用到處打洞，並且它還能穿越地表上的河流、湖泊和建築物等障礙，把鑽孔打到它們下方。

現在，水平定向鑽機已經廣泛用於城市基礎建設的施工中，很快將會運用到科學研究鑽探中，在幾千甚至 1 萬公尺的深處大顯神威。只要在裡面放入感測器，它就相當於無人駕駛的入地艇。

05 完成「莫霍鑽」

地殼與地函的分界叫做莫氏不連續面，簡稱莫荷面。打穿地殼，用鑽機把地函物質帶回來，在地質學上稱為「莫霍計畫」，這是人類尚未實現的科學壯舉。不過，它離實現的那天已經不遠了。

蘇聯曾經在柯拉半島上打出一口超深勘測井，12,262 公尺的深度，在很長一段時間內都保持著世界紀錄。原計畫是打到 15,000 公尺深，整個鑽探過程預計長達 20 年，可是越到深處難度越大，速度越慢，最後階段每年的進度只有幾十公尺。

想像一根 12 公里長的鐵杆，轉動它的一頭，讓另一頭也跟著旋轉起來，這種工作的難度不亞於登月。從西元 1970 年開鑽到西元 1989 年，金氏世界紀錄已經承認柯拉鑽井為世界最深井。從那以後，這口井又向下延伸了數百公尺，直到西元 1994 年最終因為經費不足而宣告結束。

在鑽探過程中，蘇聯科學家不斷分析鑽取的樣品。他們發現，鑽到最後，岩層裡面仍然有水和金屬礦，完全改變了人們對深層地殼成分的認知。他們還發現了每噸含 80 克黃金的岩芯，比例遠超過地面上的富礦。可惜這些深達數千公尺的礦脈只能用於研究，現在還無法規模化開採。

整個鑽井過程提取了總長度達 4 公里的岩芯，光是為分析這些岩芯樣本，蘇聯就在井口附近建立了 16 個實驗室。如今，它們被改造為深層地理實驗室，繼續利用著這口寶貴的

科學研究超深井提供的資料。蘇聯科學家還把這個項目當成練兵場，他們不求快，而是不斷研究適用於深層地殼鑽探的鑽頭，甚至專門製造了可以在 600 華氏度使用的鑽頭，這些都是將來人類深鑽地球時不可或缺的利器。

在蘇聯人鑽探柯拉超深井的同時，德國人鑽到了 9,101 公尺，美國也鑽出 9,583 公尺深的科學研究井。西元 2007 年，埃克森莫比爾公司又在俄羅斯庫頁島打出 11,282 公尺的深井。就這樣徘徊了十幾年，終於在西元 2008 年，卡達打出一口 12,289 公尺深的井，打破了世界紀錄。西元 2011 年，俄羅斯又在庫頁島將井深增加到 12,345 公尺。

目前，全世界已經有幾個國家提出了地球深度探勘計畫，美國有「地球透鏡計畫」，加拿大有「岩石圈探測計畫」，澳洲有「玻璃地球計畫」。

然而，最接近「莫霍計畫」的是日本，他們計畫在大洋深處開鑽，此處的地殼只有幾公里厚。但是上面有幾千公尺的海水，難度不亞於陸地鑽探。

06 歐亞語言是一家？

英語學習一向令人頭痛，時間可能是導致這個現象的終極原因，因為最近的研究表明，歐亞範圍的語言在 15,000 年前還是一家。

語言學家是如何劃分世界上五花八門的語言呢？有許多

詞彙和語法比較接近的語言，顯然有親緣關係，於是，語言就像生物那樣可以被分類成幾個層次。

最基本的劃分單位叫方言，比它高的層次叫語種。比如，漢語就是一個語種，它又被分成七大方言。東北話和雲南話的使用範圍雖然相距幾千公里，卻容易互相聽懂，因為它們都屬於同一個語種。

比語種更高的一層叫語支，彼此之間在詞彙和語法上已經有較大差別。漢語就是一個語支，包括官話、贛語、閩語、粵語、客語、吳語、湘語等語種。重慶和廣東距離雖近，不過前者是官話的方言區，後者則屬於粵語，交流起來必須得靠翻譯才行。

比語支更高級的叫語族。漢語族只有一個漢語支，其他語族下面會分出幾個語支。比如，伊朗語族下面就有波斯語、俾路支語、普什圖語等分支。

最高一級的是語系，漢語語族和藏緬語族、壯侗語族、苗瑤語族一起，合併為漢藏語系。對於世界上有多少個語系，劃分標準不同，結果也不同。最常見的一種分類法，是將全球所有語言劃分為九個語系，印歐語系人數最多，占全球人數約四分之一，其他還有烏拉爾語系、閃含語系等。

不過，雷丁大學的進化生物學家帕格爾提出了「超語系假說」。他領導的團隊用電腦去搜索原始語言詞庫，結果發現像「你」、「我」、「他」這類代詞，存在於多種語言裡，

並且上萬年都沒有變化。

帕格爾透過這些線索推測，東起日本，西到英國，至少有七個語系來自某個共同的母語，它形成於 15,000 年前，地點是南歐的某個區域，從那裡開始，逐漸擴散到世界大部分地區，並且在擴散中不斷分化。

除了靠電腦幫忙，原始農業的發展也有利於這個假說。人類最早的農耕文明在 12,000 年前產生於小亞細亞，距離南歐相當近，並且當地原始人在學會種田之前，已經開始成規模化定居。只有成規模的定居，語言交流變得頻繁，才能促使語言成熟起來。

今天，全世界都在學英語，然而 200 年前，歐洲人都在學法語，漢語也曾經是東亞各國的官方語言。可見無論有多少種語言，人們總傾向於學習能傳播最先進技術的那一種。1萬多年前，世界上大部分人都靠打獵為生，農耕和建房就是高科技，擁有這些技術的族群，他們的語言也會透過模仿者擴散到四面八方。

07 科學家不是「老肥宅」

很多年前，「老肥宅」就是科學家在公眾心目中的標準形象，他們不擅長運動，不會社交，沉默寡言，整天待在屋子裡思考宇宙真理，牛頓、愛因斯坦和霍金成為這種科學家形象的代表。

　　著名美劇《宅男行不行》更是以此為標準，來塑造幾個青年科學家的角色，讓「科學家＝死宅」的公式深入人心。

　　事實當然並非如此。法國國家科學研究中心進行了一項研究，結論是學者參加社會活動對其工作有所幫助。他們花了 3 年時間，調查研究了 1.1 萬名科學家，發現約有半數的人與企業有技術合作，會參加學術交流或者外出講學。

　　參加社會活動更頻繁的學者，發表論文的數量要比不常參加的科學家更多，而且論文的引用數量也更多。當然，學者的活躍度與所從事的專業有關。研究也表明，人文、社會科學類學者出席社會活動最多，化學家和生物學家露面最少。

　　這項成果似乎印證了人們的常識，即有些學科更需要從互動中激發靈感，而另外一些學科，則需要埋頭在實驗室和書堆裡。不過常識歸常識，只有大規模地研究科學家本身是如何工作的，才能對此得出科學結論。

　　美國密西根州立大學的奧斯卡經過研究發現，無論是否是科學家，社交確實有助於提高人們的智力。他向受試者提供認知水準測試，並同時記錄他們的社交頻率，結果發現，社交活動越多的受試者，在認知水準測試中的成績越好。這項成果發表在西元 2008 年的《個性與社會心理學》期刊上。

　　奧斯卡認為，社交是一種鍛鍊認知能力的過程，人在社

交時要密集地吸收資訊，進行分析概括，調整注意事項，正是這些認知活動，讓大腦皮層長期保持興奮。

美國疾控中心的一項研究也表明，體育課對提高女生的學習成績有明顯幫助。他們調查了 5,000 多名學生，從幼兒園到小學五年級的學生都有。研究表明，每週進行 70 分鐘以上體育活動的女生，其閱讀和數學技能明顯高於每週運動不足 35 分鐘的女生。研究還發現，男生之間的差別並不明顯，原因可能是男生相對於女生來說，本來就比較好動。

總之，這個研究表明，身體活動更有利於大腦進行思維。原因也並不複雜，腦的重量只有體重的 2%，消耗的能量卻占五分之一，強健的身體能讓更多的血液流向大腦，幫助思考。營養充沛也會使注意力更容易集中，在思考和運算時產生良好結果。

身體強健有助於思維是一個普遍規律，某些科學研究工作更是對身體素質有著苛刻的要求。比如在南北極考察，或者長期駐留太空站，對科學研究人員身體健康水準的要求，都會超過普通人。

所以，不愛活動，不愛社交，並非科學成功之道，真實的科學家也並非是「老肥宅」，這只是一個長期被扭曲的社會形象。

08 超自然現象，最離奇的科學研究問題

怪獸、UFO、特異功能……這些超自然事件通常只存在於科幻小說中，它們也是科學研究的內容嗎？沒錯！

現代科學產生前，西方的神祕學最早開始記錄超自然事件。神祕學以客觀唯心主義為指導思想，把各種「奇蹟」看成神的啟示，正因為如此，他們需要知道哪些「奇蹟」確實存在，哪些是編造的。神祕學客觀地記載了各種超自然現象的傳說，其中有些更是反覆出現在各種文化背景裡面。

進入現代社會，民俗和神話學者繼承了這類研究。他們刪除其中的超自然解釋，把它們當成古代祥瑞觀念，或者傳統巫術的現代變種。

在 19 世紀的歐洲，民間的超自然傳說層出不窮，科學界有些人希望從科學的角度，研究它們是否真實存在。西元 1882 年，劍橋學者成立了「英國靈學社」，是這個階段的開始，其中包括克魯克斯（William Crookes）等重要的科學家。後來，美國、法國等也都成立了靈學社。

隨著科學研究工具越來越豐富，環境中的超自然現象不斷被證偽。以 UFO 為例，美國空軍組織了專門的「藍皮書計畫」，用了十幾年時間，基本確認 UFO 屬於自然現象。

西元 1934 年，美國學者萊因發起研究超心理學，轉向精神世界中存在的超自然現象，這是超自然現象研究的第二階段。當時，心理實驗工具非常落後，超心理學現象鑒定起來

十分困難，一度成為熱門的研究對象，被美國科學促進會接納。1980 年代後，大量的新式電子設備和醫學儀器被用於心理學研究，幾乎所有涉及心理活動的超自然現象都被證偽，超心理學也逐漸衰落。

當客觀和主觀世界的超自然現象都被證偽後，科學界對它的研究進入第三階段，就是把超自然現象作為傳說，研究它們如何在社會上傳播，其代表是西元 1976 年成立的美國「對聲稱超自然現象的科學調查委員會」，簡稱 CSICOP。

這個全稱看似囉唆，其實相當嚴謹，它意味著超自然現象只是有人在「聲稱」，而非真實存在。研究超自然現象的重點，不再是它們存不存在，而是為什麼有人傳播它們、有人相信它們。這與民俗學和神話學殊途同歸，只不過 CSI-COP 成員一般具有理工科背景，民俗神話學者則多來自文科，兩者的交集較少。

西元 2003 年後，CSICOP 和其他幾個組織，聯合成立了國際科學探索中心，是目前研究超自然現象最重要的國際機構。

雖然科學界已經告別前兩個階段，但我們今天能夠否定超自然現象的存在，恰恰在於一個多世紀以來，科學家在這個領域進行過許多實證研究。當然，以後還會不斷有超自然現象的傳說發生，需要科學界及時作出反應。

09 人才也是科學研究對象

把科學研究儀器堆放在一起，它們不會自動形成成果。科學一直以來都是由人進行的工作，研究哪些人適合從事科學研究，又應該如何做好科學研究，似乎順理成章應該是科學研究的問題。不過，系統的人才學卻是誕生在當時科學並不發達的中國。

人才學並非簡單的談經論道，而是以科學工具為手段進行的研究。這門學科有很多獨特的問題，比如人才投資的經濟收益、人才流動的規律等，這些既需要大規模調查，也需要複雜的數學計算。

軍事外交、文化體育……各行各業都有人才，人才學也會研究其他行業的人才。不過，科學界的人才總是人才學研究的重點。他們會分析不同科學專業裡新手成才的最佳年齡，鑒別哪些人適合搞研究，哪些人適合從事科學管理。

人才學順應了知識社會化的轉型，為專業人才的培養和使用提供了系統的理論指導。我國在絕大部分行業和領域的人才團隊都是全球數量第一，人才現象的豐富性和複雜性都堪稱舉世無雙。人才學作為我國獨立創建的學科，也會在這片沃土上向縱深發展。

10 「科學的科學」將會蔚然成風

「將來上大學，你要學什麼？」

「當然是去學科學！」

對中小學生來說，這樣的回答當然沒問題。可如果你在考大學填志願時，會發現並沒有一門叫做「科學」的學科，你能挑選的是物理學、生物學、土木工程或者機械製造這些具體學科。

現代科學分成很多專業，據統計已經有數千種之多。鑽進這個迷宮後，你遇到的老師往往只知道本科系在研究什麼，沒人告訴你「科學」是什麼。不過，現在有了關於科學本身的學問，那就是科學學。

現代科學產生於幾百年前，最初是手工勞動，被戲稱為「一張紙加一支筆」，沒有正規的科學組織，也沒有科學研究經費。科學家往往另有正式職業，科學研究完全是出於業餘愛好。

19 世紀初，建立起最早的科學研究機構，從事科學研究成為正式職業，「科學家」這個詞也出現在西元 1840 年。於是，大家就開始思考科學究竟是什麼，它該如何運作，科學家又是一群什麼樣的人。

進入 20 世紀，特別是兩次世界大戰階段，各國政府紛紛掏腰包從事科學研究，以增進國力。那麼錢應該用到哪個領域？把經費投下去，科學成果究竟是怎麼生出來的？經費使用的效率如何？這些都成了各國面臨的迫切問題。

西元 1937 年，波蘭學者奧索夫斯基夫婦第一次提出「科學學」這個詞。西元 1939 年，英國學者貝爾納出版了《科學的社會功能》，象徵著科學學有了體系。西元 1971 年，國際科學政策研究協議會成立，科學學從此成為世界性的學科。

在中小學校裡學習科學知識，相當於在超市購買現成食品。倘若你選擇當科學家，就等於去科學田地裡親自耕耘，這時，你需要知道怎麼當一名科學農夫，科學學能提供你這方面的答案。

比如，一個人是否適合從事科學研究，具體適合哪類科學，科學學的一個分支「科學能力學」就在研究這個問題。

入職後，你要申報科學研究經費，或者參加課題組。科學已經分出這麼多專業，哪些更迫切，哪些更容易產出成果？科學研究經費的管理者和你一樣想知道答案，科學學的分支「科學結構學」專門研究這個問題。等你獲得科學成果，就面臨著如何轉化成生產力的問題，這就需要「科學經濟學」的知識。

物理學如何研究，生物學家沒有發言權。生物學研究什麼，火箭專家又是外行。然而，所有科學工作者都能研究科學本身在如何運作，因為這就是他們每天的日常。

由此可見，科學學有可能成為今後規模最大的學科，也歡迎你投身於這門終極科學 —— 有關科學的科學。

電子書購買

爽讀 APP

國家圖書館出版品預行編目資料

明日科學！從史前文明到未來技術，看人類社會
進化多神速：人工肌肉 × 新型礦藏 × 沉浸式技
術 × 互動娛樂 × 通用流感疫苗，人體奧祕到技
術揭密，未來科學的別樣世界 / 鄭軍 著 . -- 第一
版 . -- 臺北市：崧燁文化事業有限公司 , 2024.01
面；　公分
POD 版
ISBN 978-626-357-874-6(平裝)
1.CST: 科學 2.CST: 歷史
309　　　　112020288

明日科學！從史前文明到未來技術，看人類社會進化多神速：人工肌肉 × 新型礦藏 × 沉浸式技術 × 互動娛樂 × 通用流感疫苗，人體奧祕到技術揭密，未來科學的別樣世界

臉書

作　　者：鄭軍
發 行 人：黃振庭
出 版 者：崧燁文化事業有限公司
發 行 者：崧燁文化事業有限公司
E - m a i l：sonbookservice@gmail.com
粉 絲 頁：https://www.facebook.com/sonbookss/
網　　址：https://sonbook.net/
地　　址：台北市中正區重慶南路一段六十一號八樓 815 室
Rm. 815, 8F., No.61, Sec. 1, Chongqing S. Rd., Zhongzheng Dist., Taipei City 100,
Taiwan
電　　話：(02) 2370-3310　　傳　　真：(02) 2388-1990
印　　刷：京峯數字服務有限公司
律師顧問：廣華律師事務所 張珮琦律師

定　　價：320 元
發行日期：2024 年 01 月第一版
◎本書以 POD 印製
Design Assets from Freepik.com